"十三五"职业教育国家规划教材

福建省 VR/AR 行业职业教育指导委员会

中国·福建 VR 产业基地系列规划教材

VR 虚拟现实模型设计与制作（进阶篇）

主　编　林　鑫　吴建美

北京理工大学出版社

BEIJING INSTITUTE OF TECHNOLOGY PRESS

图书在版编目（CIP）数据

VR 虚拟现实模型设计与制作 . 进阶篇 / 林鑫，吴建美主编 . —北京：北京理工大学出版社，2019.7（2022.1 重印）

ISBN 978-7-5682-6519-5

Ⅰ . ①V…　Ⅱ . ①林…②吴…　Ⅲ . ①虚拟现实－模型－制作　Ⅳ . ①TP391.98

中国版本图书馆CIP数据核字（2018）第285931号

出版发行 / 北京理工大学出版社有限责任公司

社　　　址 / 北京市海淀区中关村南大街5号

邮　　　编 / 100081

电　　　话 /（010）68914775（总编室）

　　　　　　（010）82562903（教材售后服务热线）

　　　　　　（010）68944723（其他图书服务热线）

网　　　址 / http://www.bitpress.com.cn

经　　　销 / 全国各地新华书店

印　　　刷 / 雅迪云印（天津）科技有限公司

开　　　本 / 889毫米×1194毫米　1/16

印　　　张 / 7.75

字　　　数 / 195千字

版　　　次 / 2019年7月第1版　2022年1月第3次印刷

定　　　价 / 36.00元

责任编辑 / 王玲玲

文案编辑 / 王玲玲

责任校对 / 周瑞红

责任印制 / 施胜娟

福建省 VR/AR 行业职业教育指导委员会

主　　任：俞　飚　　网龙网络公司副总裁、福州软件职业技术学院董事长

副 主 任：俞发仁　　福州软件职业技术学院常务副院长

秘 书 长：王秋宏　　福州软件职业技术学院副院长

副秘书长：陈媛清　　福州软件职业技术学院鉴定站副站长

　　　　　林财华　　网龙普天公司副总经理

委　　员：陈宁华　　福建幼儿师范高等专科学校现代教育技术中心主任

　　　　　刘必健　　福建农业职业技术学院信息技术系主任

　　　　　李瑞兴　　闽江师范高等专科学校计算机系主任

　　　　　孙小丹　　福州职业技术学院副教授

　　　　　张清忠　　黎明职业大学教师

　　　　　伍乐生　　漳州职业技术学院专业主任

　　　　　孙玉珍　　漳州城市职业学院系副主任

　　　　　胡海锋　　闽西职业技术学院信息与网络中心主任

　　　　　谢金达　　湄洲湾职业技术学院信息工程系主任

　　　　　林世平　　宁德职业技术学院副院长

　　　　　黄　河　　福建工业学校教师

　　　　　张剑华　　集美工业学校高级实验师

　　　　　卢照雄　　三明市农业学校网管中心主任

　　　　　鄢勇坚　　南平机电职业学校校办主任

　　　　　杨萍萍　　福建省软件行业协会秘书长

　　　　　鲍永芳　　福建省动漫游戏行业协会秘书长

　　　　　黄乘风　　神舟数码（中国）有限公司福州分公司总监

　　　　　曲阜贵　　厦门布塔信息技术股份有限公司艺术总监

前 言

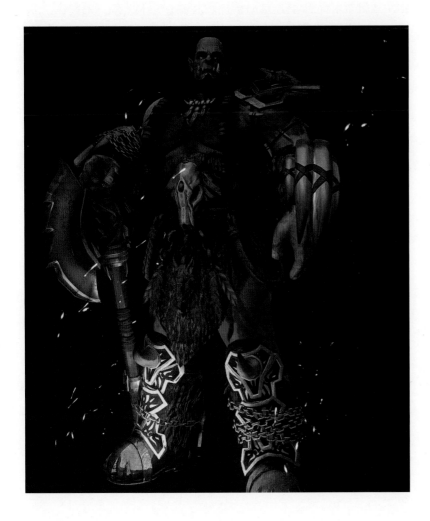

随着硬件发展与设备升级的强势势头，未来对于3D及VR的需求只会越来越强，硬件平台的诞生预示着需要众多应用来支持硬件与平台的发展。

VR美术资源的应用领域很多，比如影视、游戏、地产体验、室内装潢、教育培训、医疗军事，早些年其实就已经有VR应用于影视方面了，现在VR流行的领域还有房产装修，戴上眼镜走在房间里，看着房间的一切犹如真实的一般，其都是3D立体的，并且可以进行虚拟装修，查看效果，甚至直接和厂家确定订单。

VR与教育的结合，绝对可以颠覆以往的教学模式，将老师对全班同学的无差别教学改变为真正个性化的因材施教，想象一下吧，在学第二次世界大战历史时，如果你能亲自参加会议，对会议里面内容的体验将完全不同于阅读课本。

通过本教材的学习，学生可以掌握VR三维建模的专业范围、性质和意义。在培养学习方法和设计理念的基础上，进一步掌握VR三维建模的其他方法和表现内容，掌握不同模型的类型、功能与性质，确定环境中模型空间、形态、材料和功能的关系与规律。在对VR三维建模制作流程认识和理解的基础上，能根据不同的功能、性质、应用及相关软件进行合理的设计和绘制，能用不同的手段表现差异化的设计效果。

本教材旨在让学习者在掌握3D建模的基础上，掌握对虚拟现实技术的建模方法，以及整套的VR模型技术的表现方法、制作流程和步骤。本教材使用案例与基础知识点相结合的方式，基础理论适度，采用大量图例解析、实操截图，理论讲解通俗易懂，使学生掌握VR三维建模的基础知识、不同需求的模型类型、功能、行业要求等，培养制作VR的乐趣和自信，使初学者能从一开始就事半功倍地掌握VR，从而更好地掌握专业技能。本教材中所涉及的经验和技巧，是作者在项目实践和教学过程中不断积累的成果，能够帮助初学者更好地学习和掌握VR技术。

本教材具有较强的针对性，教材内容兼具目前市面上较为少见的针对VR虚拟现实模型的制作流程，技术基础与实践相结合。本教材分为基础篇和进阶篇，进阶篇内容包括：第1章 热兵器模型项目实战，主要介绍了次世代模型制作特点、次世代场景种类、在3ds Max中次世代场景常用建模技术、次世代高精度科幻场景实例、次世代贴图制作；第2章 手绘低模角色项目实战，介绍了人体结构、男女骨骼及肌肉区别、男性人体模型制作实例、男性模型贴图制作、女性人体模型制作实例、女性模型贴图制作；第3章 数字雕刻案例制作，介绍了ZBrush基础、ZBrush笔刷、ZBrush角色创建实例；第4章 美术资源在引擎中的展示。

本教材由网龙网络有限公司和福州软件职业技术学院联合编写，编写过程中参考了许多国内外专家学者的优秀著作及文献，得到了福建省VR/AR行业职业教育指导委员会的大力支持，在此一并表示感谢。由于编者水平有限，教材中难免有不足之处，欢迎广大读者批评指正！

编　者

Contents

目 录

第 3 章 数字雕刻案例制作

第 4 章 美术资源在引擎中的展示

第 1 章
热兵器模型项目实战

※ 1.1 次世代模型制作特点

先来了解下次世代模型的制作特点。次世代模型大部分是关于场景类型的物体，比如场景之中的道具或者物件，也可能是车辆，或者武器。这些物件在场景中都有一个共同的特征，就是它们的表面是坚硬的。坚硬的表面是次世代场景需要表达的关键点。表面柔软的物体在表达方式上和坚硬物体并不一样，而这些柔软的物体通常可以使用数字雕刻的方式或者物理表现的方式来制作，并且次世代最重要的特点是它的表现力，它的表现是非常真实、细腻和精致的。如图 1.1 所示。

图 1.1　M1911 手枪次世代模型

学习目标

● 理解次世代模型高模和低模的作用与区别
● 理解材质与模型的关系（模型能表达物体形状，材质能控制模型是金属还是布料，贴图能决定材质的细节表现）
● 了解模型资源的常见类型
● 了解常用建模技术

通过上面的大致介绍，可以从以下几个维度来了解次世代模型的特点。

1. 模型特点

次世代通常需要有两套模型：一套模型用来在引擎中展示或是显示使用的模型，通常称之为低模。为了能够更节约资源，制作低模时，布线上也会更加严谨，简单的物体面数一般在几百到几千面，复杂或者重要的物体有时候会在 1 万～ 2 万面。另一套模型用来制作模型的精细度，是细节的模型，通常称之为高模。高模的面数通常高达几百万甚至会达到几千万。如图 1.2 所示。

图 1.2　杜隆坦雕刻模型

2. 贴图特点

次世代模型通常需要多张贴图来组合表达效果，这里面每一张贴图都代表着不同的属性，在次世代引擎中，需要依靠这些不一样的贴图来控制物体的属性。一般情况下，在次世代引擎中，把物体分成这几个属性的贴图来表达：固有色，也就是模型本身所具有的颜色信息，比如模型是红色或者绿色的；凹凸，需要单独一张贴图来表达模型表面上的起伏和凹凸细节，这些是不需要用模型表达的部分，可以通过使用高模烘焙出低模身上所没有的高模细节，使低模看起来和高模差不多，这样就可以节省很多资源和性能；金属度和光泽度，这是用来区别物体是否是金属、是否足够光滑的两个属性，在三维引擎中，通常用这两个属性来模拟绝大部分的物体，也可以理解为简单地把物体分为金属或者非金属两个大类。如图 1.3 所示。

图 1.3　摩托车次世代模型

3. 材质特点

次世代的贴图这么多，它们是需要结合材质球来使用和表现的。也就是说，材质球首先决定了模型能够表达出哪几种属性特征，之后再根据贴图的不同作用，放入材质球对应的通道中。一旦进入通道，贴图就会在材质球上发挥出自己的作用，使材质球的效果呈现出想要控制或者看到的情况。也可以根据材质球的参数属性，结合贴图来表达不同的效果。如图 1.4 所示。

图 1.4　substance 材质球

※ 1.2 次世代场景种类

在了解次世代场景（图1.5）种类之前，先要了解关于场景分类的定义。可以把场景在美术上定义为非角色类的物体，而角色类的物体通常是指那些有智慧的、有动作表现的类型，比如人物、动物、机器人、外星人、怪物等。比较常见的场景如下。

图1.5　科幻次世代场景

1. 建筑类

建筑类型的场景是最直观，也是最好理解的类型。其包括了传统意义上人造的建筑，也包含了一些奇观、遗迹，还包括和建筑相关的家具、道具，比如房间的桌椅、监控室里面的电路板等。如图1.6所示。

图1.6　《刺客信条：起源》中的次世代场景

2. 地形环境类

这个类别包括与环境相关，自然形成的场景物件，比如海底的巨大岩石、岩浆附近的岩石、火山造型的山脉，或者陨石冲击地面形成的陨石坑等。如图1.7所示。

3. 植物类

植物类别包含了通常所了解的树木、草皮、花卉、灌木等常见的类型，也包含了类似海底的珊瑚礁及外星球的奇异类型的独特植物。这个分类也是很好理解的类型。如图1.8所示。

4. 物件道具类

这是比较特殊的类别，通常是指那些人造的物体。人造的物体其实有很多，比如瓶瓶罐罐、水壶、酒杯等。在场景中，尤其是城镇或者室内，会重复出现大量烦琐的人造物件。而道具则稍有不同，通常道具会比物件的级别更高一些，因为道具通常是推动剧情或者应用产品中使用的关键物品。一般情况下，这些道具需要和人物角色发生互动，比如说钥匙。观众或者用户会特别留心观察这些道具甚至近距离观看。还有一些特殊道具，这些道具是带有可活动性质的，具有可操作性。由于是可以操作且可以互动的，其精度和严谨性就需要提高。比如场景中的可以打开的门、抽屉，或者是机关、可以伸缩的望远镜、能旋转地球仪等。如图1.9所示。

图 1.7 《神秘海域 4：盗贼陌路》中的野外次世代场景

图 1.8 欧洲野外场景

图 1.9 中世纪道具物件

5. 载具与武器

这个类型是界定比较模糊，也是相对其他类型来说比较复杂的种类。所谓的载具，是指通常所说的车辆、舰船、飞行器等物件。这些物件通常比较复杂，结构烦琐，并且还涉及一些可活动的物件。载具上的可交互点在制作上都是需要多考虑的。武器类比较好理解，就是冷兵器和热兵器。冷兵器一般没有可活动部分，制作上比较直观；热兵器涉及的结构和可活动关节比较复杂，并且可能还需要用户近距离观察，需要比较烦琐的制作过程。如图 1.10 所示。

图 1.10　神秘海域中的装甲车

※ 1.3　3ds Max 中次世代场景常用建模技术

场景建模方面需要注意的地方和角色差别不大，这也是后期在建模的过程中要考虑的问题。如图 1.11 所示。

1. 布线的方式

布线对于角色来说非常重要，因为大部分的角色是需要做动作动画的，有些甚至需要制作面部的表情变化，这对布线要求非常高，而场景物件通常不涉及动画变形，即使有动画表现，一般也是移动或者旋转类的位移动画，与变形动画有很大的不同，所以场景物件的布线不需要完全跟着结构走。布线的密集程度是由场景物件的复杂程度决定的，这个部件构造的位置越复杂，圆度或者弯曲度越高，所需的布线就越多；反之，如果一个物体非常巨大，但是它的结构很简单，也是不需要太多布线的。如图 1.12 所示。

2. 可编辑多边形命令

可编辑多边形是建模过程中必要的一个环节，它能用几个不同的属性来控制、编辑、修改多边形。可编辑多边形的属性主要有以下几个：点级别，可以通过移动顶点的位置来改变物体的形状；边级别，每条边都是由两个顶点组成的，可以通过移动、旋转缩放模型的边线来修改模型的形状；面级别，每个面至少由三条边组成，可以修改面的大小和形状来对模型做出改变；边界级别，边界是一个比较特殊的属性，它的作用类似于快速找到模型的边界和缺口，如果一个模型有一个破洞，那么破洞边缘上的一圈边线就是所说的边界级别；元素级别，元素级别听起来很奇怪，但是实际上也很好理解，所谓的元素，就是没有缝合在一起的子物体，比如茶杯盖子和茶杯身体。虽然茶杯包含了身体和盖子两个元素，但是它们是分离开的两个子物体。如图 1.13 所示。

图 1.11 虎式坦克三视图

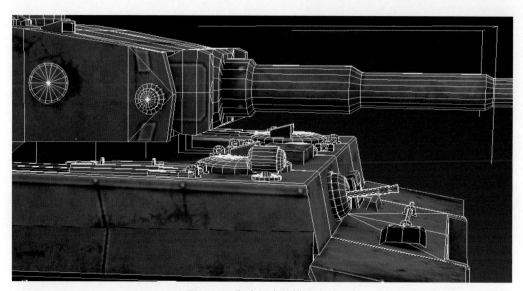

图 1.12 虎式坦克的模型布线

图 1.13 虎式坦克的模型正面布线

3. 剪切命令

剪切命令是建模过程中最直观的增加结构、线段、顶点的命令，它是通过切割的方法给模型添加两个顶点，或者把两个顶点进行连接的操作。它可以在线段与线段之间、顶点与顶点之间，也可以直接在表面上进行剪切操作。如图 1.14 所示。

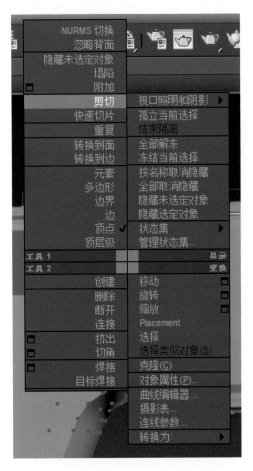

图 1.14　可编辑多边形物体右键菜单

4. 挤出命令

挤出命令是指在原有基础上挤出一定的高度形成新的形状的一种操作，如果作用在面级别上，则可以根据面的形状和大小挤出一定高度的新的形状。挤出命令也可以作用在点级别或者边线级别，如果在顶点上挤出，则会根据连接顶点的边线样子判断横截面，

并挤出对应的形状。如果在边线上进行挤出，则会根据相互邻近的面的形状挤出。如图 1.15 所示。

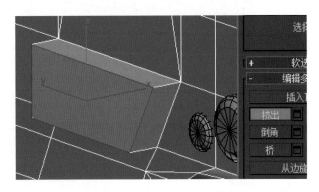

图 1.15　面级别下的挤出命令

5. 切角命令

在生活中，经常会出现倒角结构的物件，比如儿童家具，为了保护儿童而采取了倒角边的设计，减少锐角部分，从而避免伤害。这个操作在三维命令中叫作切角。切角命令一般是针对边线级别进行操作的，当对一条边线进行切角时，可以把一条边线分裂成 2 条线或者 3 条线，这样就可以把原本属于锐角的部分进行钝化处理，变得圆滑一些。如图 1.16 所示。

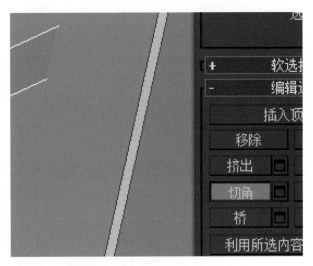

图 1.16　边级别下的切角命令

6. 网格平滑修改器

网格平滑命令的作用是增加模型的精细度并且是让面和面之间平缓地进行过渡，这是对网格平滑命令的主要认知。而网格平滑通常情况下是需要结合切角命令一起使用的，这样可以使模型在需要表现坚硬的地方保持形状不变，而想要平滑的地方更加细腻平滑。通常会在切角命令操作之后进行网格平滑修改器的添加。如图 1.17 所示。

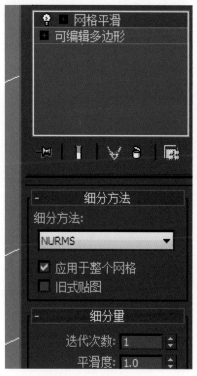

图 1.17 网格平滑命令

※ 1.4 次世代高精度科幻场景实例

现以一个带有科幻质感的微型冲锋枪武器作为模型案例，为大家进行场景实例的制作。如图 1.18 所示。

图 1.18 微型冲锋枪的参考资料

在开始做之前，要先分析一下目标模型都由哪些物件组成。首先，要收集足够的参考资料，根据参考资料，从不同角度对物件进行分析。此处可以将物件拆分成几个部分，最大的部分应该是枪身，其次是弹夹部分，还有尾部的枪托部分，以及较为复杂的顶固的瞄具。

当分析完原画参考之后，将物体分为四大部分，可以围绕这四个部分进行分批制作，这样分析之后就不会对着原画参考一头雾水。通常建议从最大的部分开始制作，依此类推，最终完成整个作品。这里大家需要注意一点，即大部分的武器是左右不对称的，所以，在后期制作时，需要注意左右是否对称。

首先制作枪身部分。枪身部分通过分析得出，它的样子类似于两个长形立方体的组合，所以可以从系统自带的一个基础立方体进行修改，增加线段并开始调整形状。如图 1.19 所示。

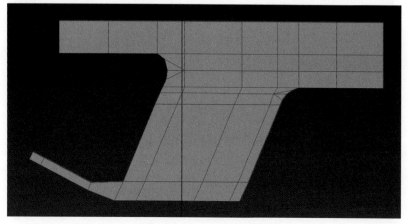

图 1.19 主体部分的造型

再进入面级别，选中立方体底部的面向下挤出相对应的段数，并且通过顶点级别移动顶点，把枪身的下半部分斜面效果制作出来。这里注意，在倒角比较圆滑的地方需要多给一些段数，这样才能保证转折的部分相对圆润，另外，需要注意的是，通过分析优化参考，发现握把部分及扳机部分的零件是独立存在的，所以在制作时不用一体成型，这是制作场景模型的优势。场景模型的优势就在于并不需要所有东西都是一体成型的，可以用不同的零件穿插组合而成。如图 1.20 所示。

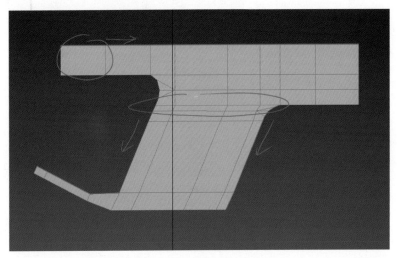

图 1.20　主体部分的走势

这里，用样条线制作出握把的形状，并且将握把相对应的顶点进行连线，通过顶点的调整，塑造出握把的形状，最后给握把添加一个壳的命令，使握把具备一定的厚度，并且能够和枪身对应上。如图 1.21 所示。

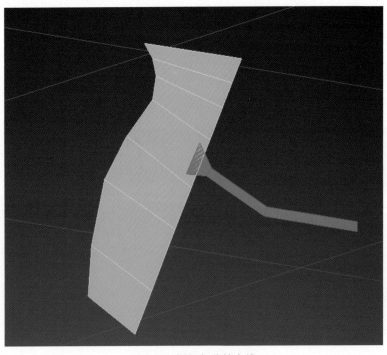

图 1.21　握把部分的布线

接下来是做弹夹部分。通过分析原画，会发现弹夹部分和枪身保持一定的角度，也就是说，这个结构的走势是顺着枪身的底部延续下去的，所以可以通过复制枪身的模型，并且向下移动，制作出弹夹部分。可以创建一个新的立方体，通过调整立方体的顶点来迎合模型的方向。如图 1.22 所示。

之后，可以制作出最前端的枪管部分，这里可以利用基础的圆柱体来制作。需要注意的是，这是一个比较重要的部位，所以在这个地方不能使用太少的线段，如果用得太少，看上去会比较粗糙，也会失去应有的圆度。如图 1.23 所示。

枪托部分的造型比较奇特。可以创建一个立方体的面片，通过面片的边界向外延伸，通过延伸的方式制作出枪托支架的部分。如图 1.24 所示。

这样的好处是可以用形状构造出完整的造型，而不需要通过两条线的刻画来绘制形状，并且通过这样的方式制作出来的支架是比较工整的。同样需要注意，在转折比较圆润的地方，需要给出足够的线段。

枪托的底部部分需要从侧面来制作，也就是说，利用圆柱的形状制作出横截面，再通过这个横截面拖拽出足够的厚度，利用已经存在的顶点，以通过移动顶点的方式来塑造出枪托底部比较微妙的弧度变化，最后再选择前面横截面的面级别，使用插入命令，营造出一个内陷的结构，再使用挤出命令，向内挤出足够的深度，这个深度是用来存放支架的。如图 1.25 所示。

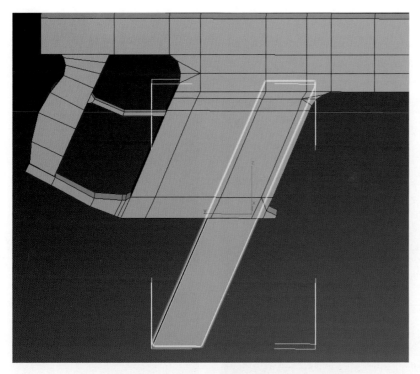

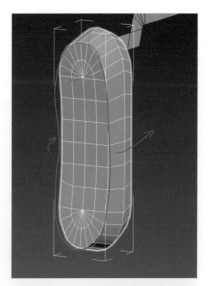

图 1.22　弹夹部分的布线

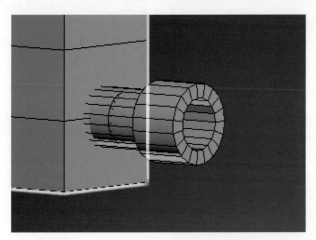

图 1.23　枪口部分的布线

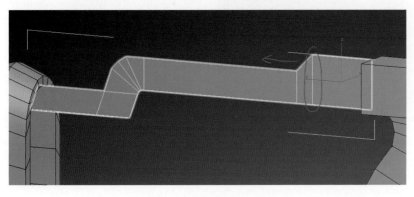

图 1.24　枪托部分的布线

图 1.25　枪托底部部分的布线

确定了枪托的制作方法之后，可以利用同样的方式或者类似样条线的方法，来塑造出枪托支架的其余部分。当然，别忘了给支架添加壳命令！这里需要注意壳的厚度，要能够和枪身衔接起来。如图 1.26 所示。

面做出中间的几何体部分，再选择侧面的横截面，在选好的横截面处使用挤出命令，挤出 3 次获得 3 段的高度。如图 1.28 所示。

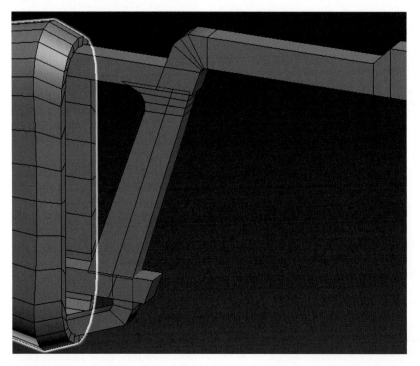

图 1.26　加壳后的厚度

至此，可以整体观察一下模型，现在模型通过几个部分的组合，已经有了一个大致的形状。这个时候最好进行多个角度的观察，从不同的角度来判断整体的比例及造型是否准确。如图 1.27 所示。

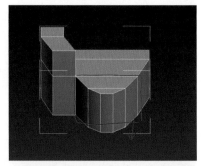

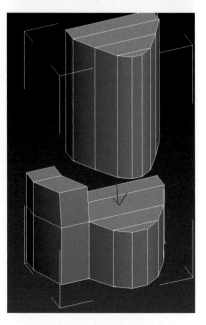

图 1.28　合页部分的说明

最后选择合页的竖截面，并且向外挤出，或者复制出一个新的物体，让它插入合页的结构中，并且缩小一些。如图 1.29 所示。

在枪身的中段有一个凹槽，这个凹槽是一个从左向右通透的结构，并且左右两侧的切口大小是不一样的。在通道的中段，有一个衔接的过渡，这是武器的抛壳窗，其下方位置正对着弹夹的顶部。如图 1.30 所示。

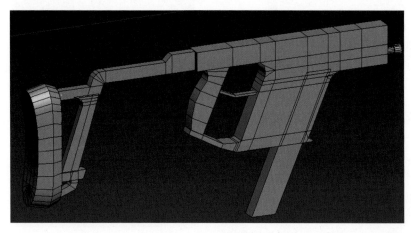

图 1.27　整体的效果

通过对原画参考图的分析，发现在枪托支架和枪身衔接的地方有一个合页结构，这个合页是判断支架及枪身是否能够折叠的一个零件，先从侧

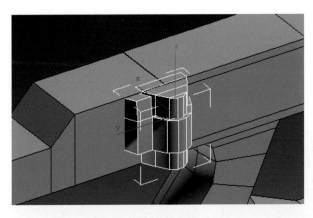

图 1.29　合页部分的效果

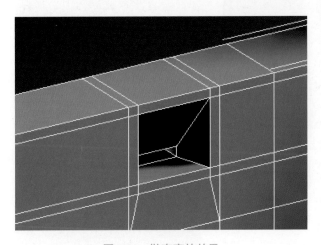

图 1.30　抛壳窗的效果

可以删除左右两边的面来创造两个缺口，并且通过桥接命令使两个缺口中间的通道形成，以补上两个缺口中间的洞。再进入点级别内部调整顶点的位置，以确保形状符合原画。这里需要注意的是，缺口并不是贴着边做的，所以，在开口周围一圈的位置，还需要给够线段，虽然这里会相对浪费一些，但这样做的目的是在后期制作高模时，能够保持模型不变，且不会产生错误。如图 1.31 所示。

观察武器的底部，会发现有一个比较大的圆形缺口，这个缺口在制作上是比较困难的，所以可以使用一种比较特殊的建模方式，即布尔运算。布尔运算的原理是，通过 a 模型和 b 模型相交错的部分，来判断得出结果。默认情况下布尔运算的方式是 a 模型减去 b 模型，也就是说，如果 a 模型和 b 模型相互重叠穿插，那么 a 模型就会把 b 模型减去，从而获得减掉之后的形状，这样就可以为缺口制作一个类似缺口形状的模

型，再利用 a 减 b 的方式，获得形状和合并模型一样的缺口。这里需要注意的是，不能使顶点错乱，需要根据合理的方式重新整理顶点之间的连线。如图 1.32 所示。

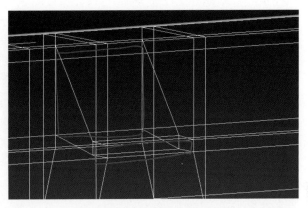

图 1.31　抛壳窗的布线

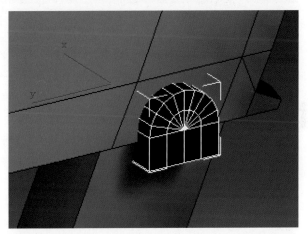

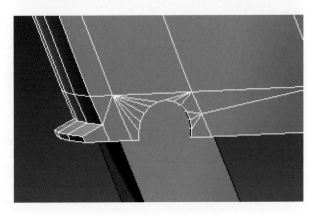

图 1.32　弹夹缺口的布线

在制作过程中，也别忘了一些带有弧度的侧面，尤其是不易观察到的地方。这些地方通常有一定的微妙的弧度，需要给这些部位足够的线段才能表现出想要的效果，可以通过给这些需要制作弧面的地方添加线段，并且将中间点向相对应的方向移动，来做出比较微妙的弧面过渡。如图 1.33 所示。

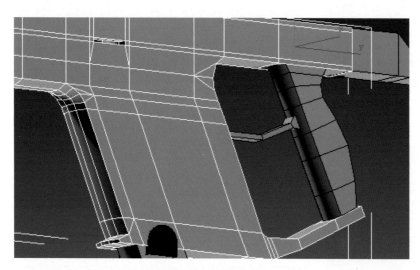

图 1.33　整体的布线

现在制作顶部的导轨部分。需要注意的是，导轨部分是一个重复性非常高的零件，重复的次数非常多。实际上只需要制作一个零件就可以复制剩下的部分，但是在复制之前，需要先拆分好这部分的贴图坐标，如果没有拆分贴图坐标而直接开始复制，那么在后面的工作中，需要给每一个物件都拆分一次贴图坐标，这显然是非常烦琐，并且极消耗精力的一种工作。但是，如果在复制之前就已经拆分好贴图坐标，复制已经拆分过贴图坐标的物体以后，发现新的物体已经具备了分好的坐标结果，不需要重复操作。并且这些物体本来就一模一样，这样可以给工作减少非常多的时间，极大地提高工作效率，同时也降低了制作难度。如图 1.34 所示。

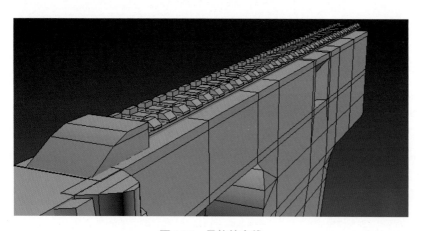

图 1.34　导轨的布线

所以，在制作之前，可以使用样条线的方式，绘制出导轨的横截面，并使用壳命令将导轨的厚度制作出来。最后，在复制之前，先拆分好贴图坐标，再开始复制。

可以连续复制物体，而不需要一个一个复制，选中其中一个物体，按住 Shift 键，并且移动坐标轴，松开之后，计算机会根据移动的距离，询问要以这个距离再复制多少个物体。只要输入想要复制的数量就可以了，这样计算机会根据刚才复制的距离及数量，继续向下复制相对应数目的物体。这里建议大家输入稍微多一点的数量，因为数量多的话，是可以减掉的；数量少的话，则不好操作。如图 1.35 所示。

图 1.35　复制时候的提示窗口

通过观察参考图，发现在合页的中段部分还有一个金属插销及一个枪带的金属环结构，如图 1.36 所示。这里的金属插销可以直接使用基础的圆柱体来制作，而金属环结构则比较麻烦，如果要制作得比较工整，可以通过创建面板中的样条线进行制作。选择方形样条线，创建一个和金属环差不多大小的方形样条线，最后在方形样条线的属性中选择"倒角"，这样可以让方形样条线的四个顶点变得更加圆滑。如图 1.37 所示。

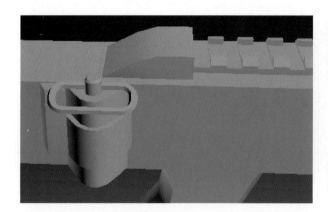

图 1.36 合页部分的结构

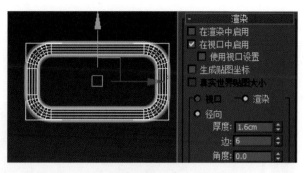

图 1.38 金属环的样条线显示成模型

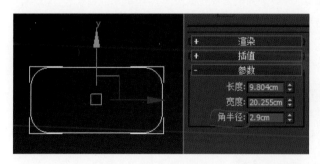

图 1.37 金属环的样条线

在把参数调到合适大小的情况之下，它看起来就是一个圆环的结构，这个时候再次选择已经创建好的样条线，在它的属性面板中，找到一个选项，也就是让它在软件中直接显示出厚度。显示厚度有两种方式：一种是圆柱类型，另一种是立方体类型，这里选择圆柱类型。如图 1.38 所示。

在圆柱类型中，有一个参数可以控制圆环的线段是否足够。这里选择 6 段线就可以了，如图 1.38 所示。当然，在段数的旁边还有圆环的直径参数，可以修改圆环的直径参数和插销的大小。

接下来要制作整个文件中最复杂的部分，也是整个物体中，观众能够观察得最仔细的部分，即照门和准星。如图 1.39 所示。

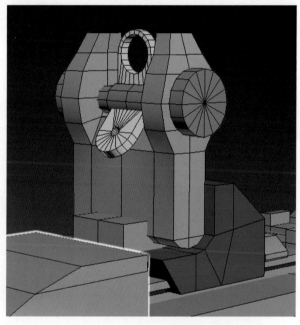

图 1.39 照门的结构布线

通过分析，可以判断照门是由哪几个零件组成的。如图 1.39 所示，照门有一个基础的底座（红色部分）、支架（橙色部分）、中间可以调节的旋钮（蓝色部分）及可以切换的照门类型（绿色部分）。这样，它应该至少有四个结构，所以，在制作时，可以分四个部分来制作。首先可以做中间的支架部分，利用样条线绘制出支架的侧面，并且用壳命令或者挤出方式做出整个支架的体形。

使用柱基础型，从支架的中段穿过，制作出中间的轴。

接着还是使用圆柱基础型在正面制作照门的形状。这里有两个形状，都需要分开来制作。最后同样在侧面制作支架的底座部分。也可以使用样条线的形式绘制出底座的侧面形状，并且使用壳命令做出整体的厚度。如图 1.40 所示。

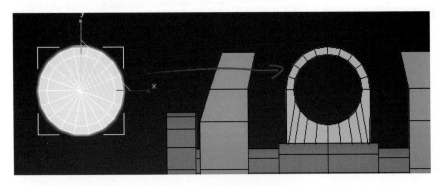

图 1.40　用圆柱来做缺口

完成之后，可以复制已经做好的照门部分。移动到武器的前端，通过对已经做好的照门部分进行修改，做出与其比较接近的准星部分。保留主要的形状，删除掉照门的零件，并且补充一些几何形来做出准星，这样就完成了模型中最复杂的瞄具结构。如图 1.41 所示。

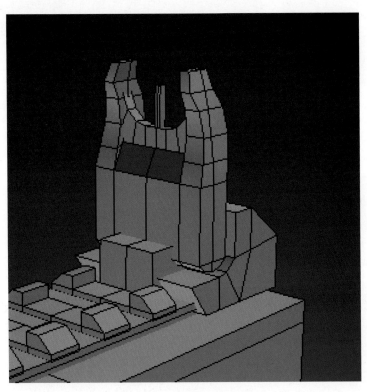

图 1.41　准星部分的结构

不要忘记测试一下在透视的情况下是否可以瞄准。如图 1.42 所示。

通过观察分析原画，发现武器的侧面有不少铆钉，这些铆钉可以通过挤出圆柱体来制作。需要注意的是，这些铆钉非常巨大，所以给它们的段数一定要足够。铆钉的侧面有一定的弧度，可以通过向外挤出的方式来营造这个效果。在复制模型之前，需要注意先整理好贴图坐标，这里也是需要重复制作的，所以必须先拆分贴图坐标，才能方便后续的复制和制作。左右两侧的铆钉是一致的，所以只需要制作一侧的零件，另外一侧的零件使用对称命令即可。如图 1.43 所示。

在武器的侧面，还有一些关于快慢机及保险的结构，

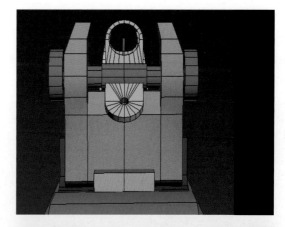

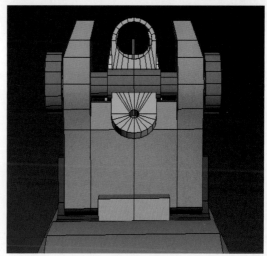

图 1.42　照门和准星重叠之后的效果

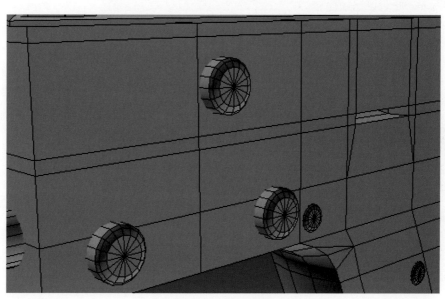

图 1.43　铆钉的布线

这些零件用于控制快慢机和保险的开关，并且一个非常大，所以需要独立制作出来。这里可以使用基础几何体中的圆柱体进行修改，删除了圆柱体横截面以外的面，在这个横截面的基础上挤出想要的造型。最后整理好这个模型外轮廓的形状，再通过添加壳命令塑造出零件的厚度。如图 1.44 所示。

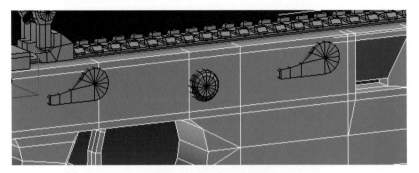

图 1.44　快慢机的布线

在武器左侧位置，还有一些结构，是用于控制武器的部分，以及拉机柄的部分。这些物体的造型并不难做，但是可以通过横截面的方式，用样条线的形式来绘制出想要制作的形状。继续使用壳命令来挤出厚度，结合一些可编辑多边形的命令，在需要的面上通过挤出命令挤出它们。如图 1.45 所示。

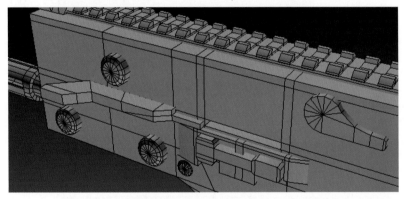

图 1.45　枪栓的结构布线

最后需要注意的是，这些物体是不需要一体成型的，因为它们根本不是同一个问题，并且它们是可以活动的，所以不需要把它们一体成型，只需要把这些活动的独立的物件穿插在一起即可。如图 1.46 所示。

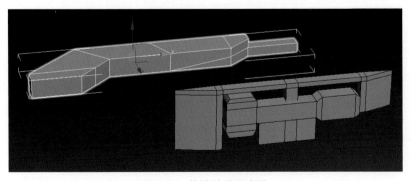

图 1.46　枪栓的单独布线

最后来处理一下枪管部分。希望给枪管部分增加一些造型，类似于消焰器口的效果会比原本的效果看起来更加漂亮。可进行如下操作：通过删除对应的多边形级别下的面级别来产生一些缺口，之后给圆柱添加一个壳命令，计算机会通过壳的厚度自动给缺口增加一个厚度，这在制作内部的面时会节约不少时间。如图 1.47 所示。

现在完成了中模的制作，可以把中模制作成高模。在制作高模之前，要将模型进行卡线。卡线之前，要划分好模型的光滑组。光滑组的意思是在模型的面与面之间分好它们的 ID，让它们形成两个截然不同的面。如图 1.48 和图 1.49 所示。

通常情况下，可以使用光滑组中的"自动平滑"选项来让模型自动分组。"自动平滑"选项的后方有一个数值参数，这个参数是平滑的角度，默认情况下为 45。它的含义是，当面和面的夹角大于 45 度时，就会将这两个面分成两个 ID；如果两个面的夹角小于 45 度，这两个面就被当作同一个平滑组。所以，比较好的思路是选中所有需要划分光滑组的模型，先使用"自动平滑"选项，把所有的 ID 设置一遍之后，再观察是否有错误的地方，找到错误的地方，进入面级别，并且手动修改平滑组。如果想要让模型中的某几个指定的面成为同一个平滑组，可以在选中这些面的同时按 ID 的数字对它们进行平滑组的划分，也可以选中这些面之后，单击"自动平滑"按钮。如图 1.49 所示。

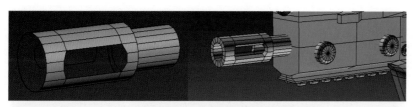

图 1.47　枪管的单独布线

图 1.48　整体的布线效果

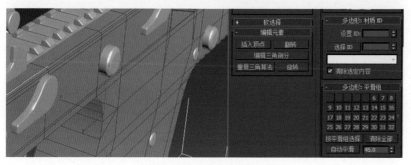

图 1.49　平滑组界面

平滑组的意义是让模型看起来更加正常，同时对模型的结构判断也会更加准确。

接下来需要对模型进行卡线，也就是进行切角。可以使用手动切角的方式来制作。首先选中需要切角的边线，然后添加切角命令。通常会将一根线分成三根线来进行切角。切角的宽度越宽，平滑之后的模型倒角越柔和；角的宽度越窄，边线越靠近，平滑之后的模型倒角就越锐利。如图 1.50 所示。

如果使用的是高版本的软件，在高版本的软件中有"自动切角"命令，可以在修改器面板中找到"切角"这个命令。高版本的切角命令可以让模型自动进行切角，从而减少工作量。添加切角命令之后，请注意，要将"平滑选项"修改为"为平滑的边"，这里"为平滑的边"的意思，其实就是 ID 之间的交界线。也就是说，对于未平滑的边，在两个 ID 的交界线处判断这是一条需要切角的线，从而对这条线进行切角，之后还需要修改切角的数量，也就是切角的厘米。所谓厘米，就是切角之后的宽度，数值越大，切角的距离越大。如图 1.50 所示。

在正确切角之后，还需要添加一个网格平滑命令，让模型变得更加圆滑，面数更高，精度更精细。通常情况下，平滑网格的命令，需要倍增两次。也就是说，把迭代次数设置为 2。如图 1.51 所示。

一般情况下，没有办法对所有的模型同时添加切角和网格平滑，因为根据模型的部件不同、位置不同、大小不同，它们所要切角的数值和平滑的程度也各不相同，所以需要根据实际情况来判断切角的数量及平滑的精细程度。

以上就是对模型进行切角，并且网格平滑之后的结果。这里需要注意的是，必须保存两个文档：一个文档是关于低模的文档，另外一

个文档是刚才切角过，并且网格平
滑过的高模的文档。两个文档都需
要保留，低模文档用来储存低模信
息，高模文档用来储存高模信息。
如图 1.52 所示。

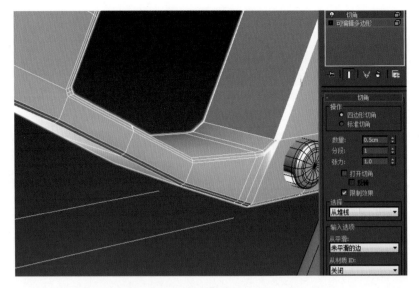

图 1.50　切角命令和切角后的效果

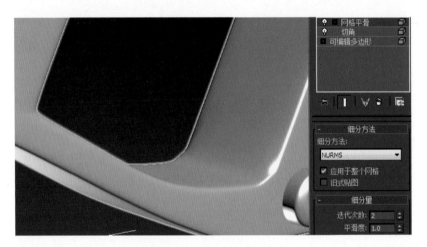

图 1.51　切角平滑后的效果

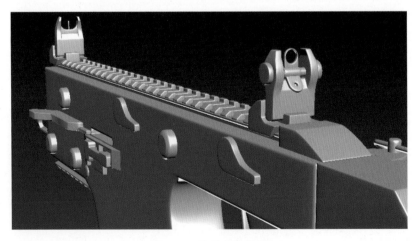

图 1.52　整体高模效果

现在回到低模的文档，需要对低模的模型进行贴图坐标的拆分。

目前的模型零件较多，结构较复杂，同样可以按照之前建模分成的四个部分，不要对模型进行贴图坐标的拆分，如图 1.53 所示。

正常情况下，拆分 UV 的步骤是先给需要拆分 UV 的物体添加一个"UVW 展开"修改器命令。如图 1.54 所示。

选择 UVW 展开修改器，在"编辑 UV"中找到"打开 UV 编辑器"按钮，并且单击它。如图 1.55 所示。

选中需要修改的面，单击"贴图"下拉菜单中的"展平贴图"。如图 1.56 所示。

在展平贴图的选项中，可以保持默认的参数不变，单击"确定"按钮即可对简单的几何形进行快速的 UV 划分。如图 1.57 所示。

首先是枪身部分。枪身部分最重要的面是左右两侧面积最大的面。由于做的是偏人工的工业模型，所以大部分的模型都可以简化成立方体的几何体。在划分 UV 的过程中，可以使用展平贴图的方式来直接快速展开模型的 UV。为了保证左右两侧的完整性，这里手动选择需要切开的面，并且使用平面展开的模式，直接将左侧和右侧用投影选项中的平面贴图方式展开。左侧和右侧会重叠在一起，所以还需要单独选择左侧和右侧的面，将它们在 UV 重叠的情况下分开。这里需要注意的是，不提倡将 UV 左右反转，一般希望贴图在坐标拆分的情况下是正方向的。如图 1.58 所示。

剩下的枪身零件直接使用展平的方式展平贴图，并且将它们摆放整齐即可。如图 1.59 所示。

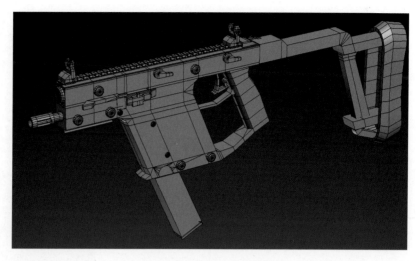

图 1.53　整体的布线效果

图 1.54　添加"UVW 展开"修改器命令

图 1.55　"打开 UV 编辑器"按钮

图 1.56　自动展平贴图

图 1.57　展平贴图的参数

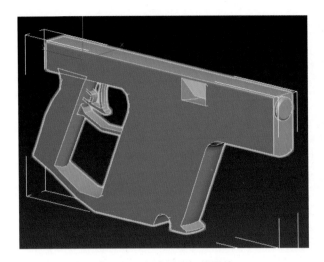

图 1.58　自动展平相关零件

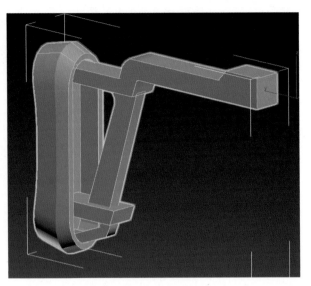

图 1.60　枪托的坐标划分

图 1.59　摆放好的枪身坐标

图 1.61　摆放好的枪托坐标

　　这里需要注意的是，由于枪身的左右两侧是枪身最大面积的部分，它们同时也是比较重要的部分，所以需要给它们最主要的面积、最适合的位置。

　　关于枪托部分的 UV 拆分，也可以使用简单的展平命令对大部分的零件进行快速的整理。如果想要把枪托部分制作得更好，则需要对枪托中包含的圆柱形物体和圆环形物体进行适配。如图 1.60 所示。

　　以上是对枪托 UV 拆分之后的大致的结果。如图 1.61 所示。

　　使用同样的方法，继续对零件进行贴图坐标的拆分。这里需要注意的是，铆钉和快慢机部分在复制之前就已经拆分好了 UV 坐标，所以它们复制之后的 UV 坐标是重叠在一起的，只需要设置它们所要摆放的位置即可。如图 1.62 所示。

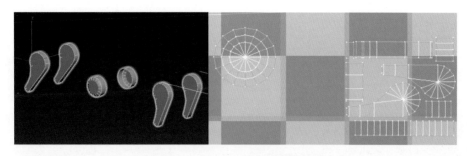

图 1.62　摆放好的铆钉快慢机坐标

弹夹 UV 展平之后的效果如图 1.63 所示。

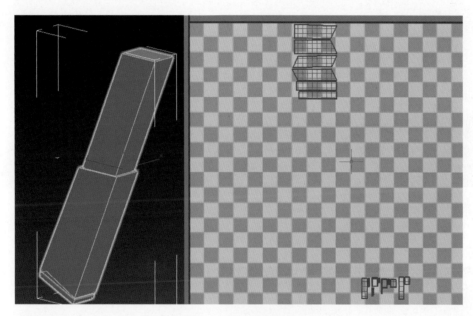

图 1.63　摆放好的弹夹坐标

合页 UV 展平之后的效果如图 1.64 所示。

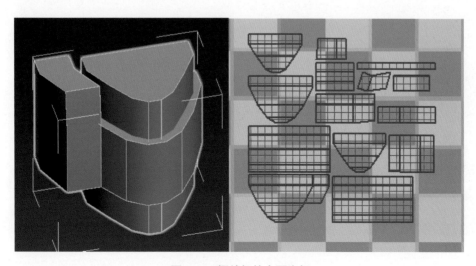

图 1.64　摆放好的合页坐标

　　武器的照门和准星同样适用于 UV 展平命令，但需要注意的是，武器的照门部分是用户观察得最仔细的部分，所以需要给照门足够大的贴图面积，尤其是照门部件的圆环部分。其中如果涉及圆柱类的物体，同样可以对它们进行圆柱适配。如图 1.65 和图 1.66 所示。

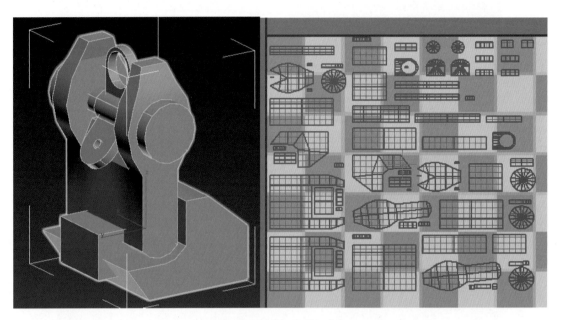

图 1.65　摆放好的照门坐标

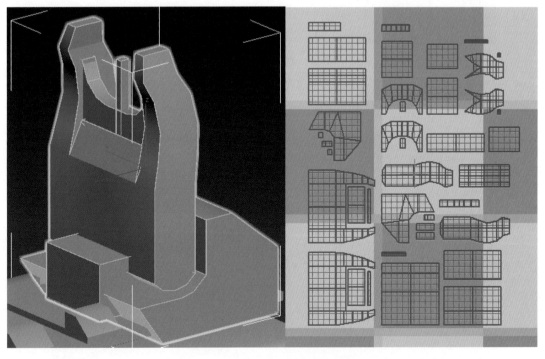

图 1.66　摆放好的准星坐标

插销进行圆柱划分和展平适配之后的效果如图 1.67 所示。

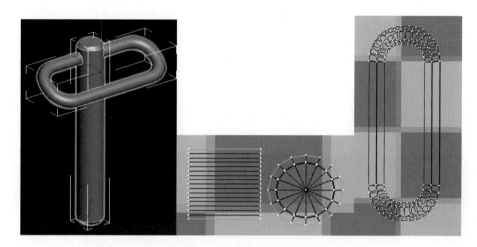

图 1.67　摆放好的插销坐标

　　枪管部分的贴图坐标划分，也可以暂时使用展平命令，将枪管的不同部位的面先拆分开来，之后会发现，尤其是枪管外部的环形面的切割，并不能如愿，所以要单独选中枪管外侧环形的面，并且给这些面添加圆柱适配。如图 1.68 所示。

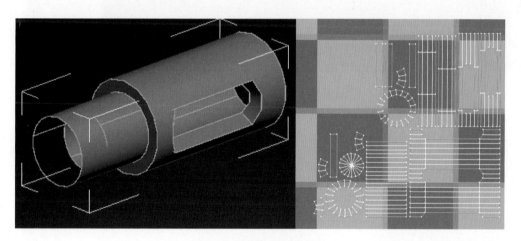

图 1.68　摆放好的枪管坐标

　　这是因为如果一个几何体的形状接近于圆柱，在划分圆柱时，使用圆柱适配是再合适不过了，它可以利用一刀的切口来将圆柱拆分成一个长方形，会看到圆柱适配的圆柱体控制器，这里可以选择这个控制器，旋转圆柱适配的投影，将其切口放置到远处的正下方，这样可以使 UV 接缝不容易被发现，将 UV 接缝放置在穿插处、结构接缝处和不容易被发现的地方，来尽量减少用户看到接缝的情况。这是拆分 UV 需要注意的一个小常识，也是整理 UV 的原则。如图 1.69 所示。

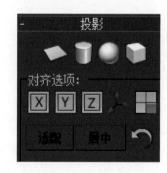

图 1.69　几何体投影

在拆分完所有的贴图坐标之后，还需要调整它们的大小。按照实际情况来说，所有的贴图坐标的大小应该是相对一致的，那么如何判断呢？需要调入一张棋盘格贴图来查看所有的贴图坐标，如果每一个部分的棋盘格显示的数字或者网格大小都接近一致，那么贴图坐标划分的大小就是合适的。所显示出来的棋盘格越小、越密集，则说明这一块区域的贴图面积越大、越清晰；如果所显示出来的棋盘格越大、越模糊，则说明这一块区域的贴图面积越小，清晰度也就越差。所以可以根据实际情况来判断，觉得最重要的部分可以给更大的面积、更清晰的效果。如图 1.70 所示。

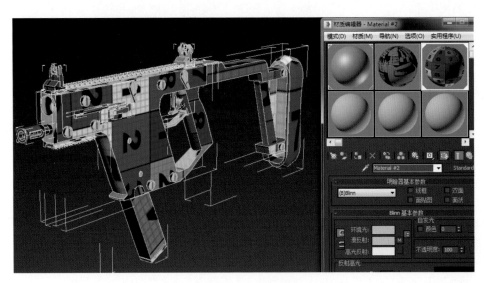

图 1.70　用棋盘格检查坐标（1）

整理好所有贴图坐标的大小之后，还需要对贴图坐标进行正确的摆放。摆放的位置越好，空间利用率就越高，能够使用的像素就越多；相反，如果胡乱摆放，间距很大，空隙很多，那么空间利用率就很低，浪费的贴图清晰度也就越多。在合适的情况下，需要尽可能地塞满整张 UV 坐标，但也不能使贴图坐标相互之间靠得太近，至少要留有相应的像素的距离。如图 1.71 所示。

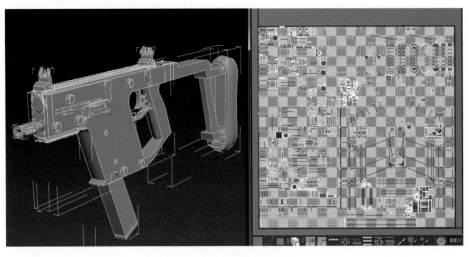

图 1.71　用棋盘格检查坐标（2）

图 1.72 是摆放完所有坐标之后的效果。

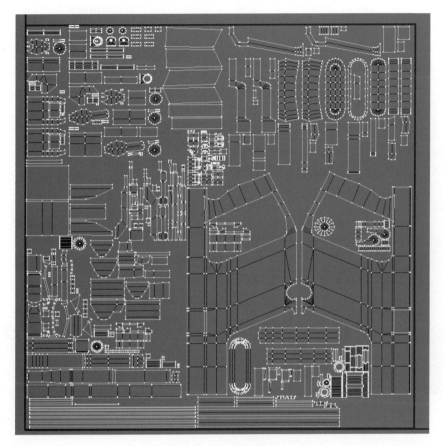

图 1.72　坐标参考

※ 1.5　次世代贴图分析

接下来需要做的工作就是烘焙模型的法线贴图。烘焙法线贴图之前，需要准备好两个模型，这两个模型就是之前制作的，但有贴图坐标的低模和平滑切角之后的高模。通过进入 xNormal 烘焙软件进行法线烘焙，可得到想要的法线贴图。如图 1.73 所示。

图 1.73　软件图标

先来整理一下烘焙过程的思路：首先要导入需要烘焙的高模，接着导入需要烘焙的低模，之后对烘焙选项进行设置，再进入 3D 查看器中，调整烘焙的笼子大小，最后核对信息并进行烘焙。如图 1.74 所示。

图 1.74　软件界面

回到低模 3ds Max 文档及高模文档，分别将需要使用的低模和高模导出成 .obj 文件，也就是说，会获得两个 .obj 文件，一个是低模，一个是高模。如图 1.75 所示。

图 1.75　.obj 格式文件

为什么要制作低模和高模？先来说一说低模的优势。低模的优势在于它的面数少，所以渲染的速度也就非常快，甚至可以即时演算，因此低模非常适合运用在游戏、VR、AR 等其他相关领域。但正是由于低模的面比较少，能够表达的细节也有限，真实度也会下降。再来说一说高模的优势。高模的优势在于它的面非常多，有时，高模的面数可能会达到百万，甚至几千万，所以高模非常精致，即使是一些比较细小的细节，也会很奢侈地用非常多的面表达出来。但是高模的渲染速度非常慢，有时候渲染一张图片就需要半个小时，甚至一个小时，或更久。普通电影的每秒是 24 帧，也就是说，一秒钟要播放至少 24 个画面，对于高模来说，一个画面就花掉了一个小时的时间，这对于观众来说，实时展示是不可能的，更不用提相互交流或者操作了，所以次世代的概念就是让低模拥有高模的细节，让低模在非常高效地运算的同时，看起来和高模一样逼真、一样精细，这就是制作次世代的真正意义所在。

选择好要导出的文件，选中需要导出的模型，单击导出的下拉列表，选择导出选定的对象按钮进行导出。如图 1.76 所示。

图 1.76　导出界面

将导出的格式选择为 .obj 模型文件，这里也需要注意，由于要导出两个模型，所以在命名时，需要对高模和低模进行区分。如图 1.77 所示。

图 1.77　导出的格式界面

再一次回到烘焙软件中，首先单击高模按钮，添加制作的高模模型。之后使用同样的方式，单击低模按钮，导入之前做好的低模模型。这里可以右击，在列表进行选择，也可以将模型的 .obj 文件直接拖拽到列表中进行添加。如图 1.78 所示。

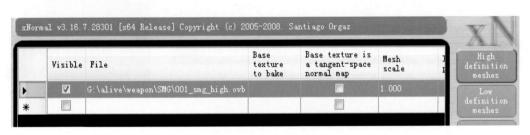

图 1.78　高模设置界面

如果添加错了模型，可以单击右键，移除错误模型；也可以单击下方的清除按钮，清除所有模型。请记住，即使关闭了烘焙软件，下一次打开烘焙软件时，它会记住上一次最后修改的结果。也就是说，即使关闭了软件，它仍然会记住上一次添加的模型路径。如图 1.79 所示。

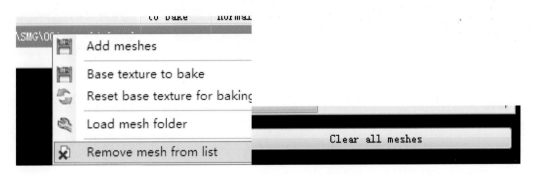

图 1.79　移除不需要的模型界面

接下来需要对烘焙的文件进行设置，单击烘焙选项按钮，进入设置界面。如图 1.80 所示。

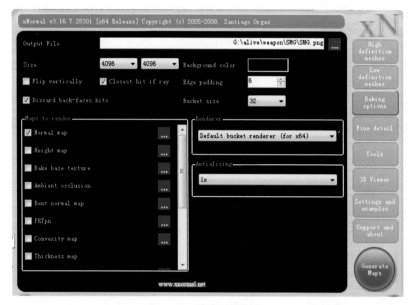

图 1.80　输出贴图界面

首先要告诉烘焙软件，要烘焙的文件需要储存在什么位置，这个文件的命名是什么，格式是什么。单击导出文件列表中的省略号按钮进行设置。这里只需要设置烘焙的文件名即可，通常设置为 .png 格式。如图 1.81 所示。

图 1.81　设置贴图路径界面

之后需要设置贴图的尺寸大小，为了获得比较高的清晰度，使用 4 096×4 096 的分辨率。还需设置出血线的长度，出血线的像素通常以双数为准，这里设置四或六或八像素。其他选项内容则可以保持为默认。如图 1.82 所示。

图 1.82　设置贴图界面

接下来需要设置烘焙选项，即需要烘焙出哪几张贴图。首先需要打钩的就是法线贴图，最后需要打钩的是全局阴影 AO 贴图。这里需要注意的是，通常情况下，烘焙法线贴图的速度是非常快的，而烘焙全局阴影贴图则需要非常长的时间，所以根据实际情况来确定是同时烘焙还是分开烘焙。如图 1.83 所示。

图 1.83　烘焙界面

在烘焙开始之前，还需要调整烘焙的笼子大小，需要进入 3D 查看器。单击 3D 查看器按钮，单击启动按钮，进入 3D 查看器查看模型。如果模型太大，这里需要耐心等待一会儿。如图 1.84 所示。

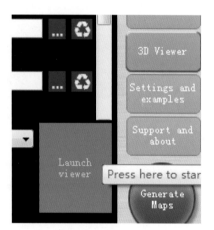

图 1.84　查看界面

在查看器中，可以分别单击图 1.85 所示的两个按钮来调整灯光的朝向，以及查找模型的位置。当无法找到模型时，可单击右边的查找模型按钮来快速找到模型。

图 1.85　灯光和查找按钮

现在看到的情况是在 3D 查看器中，高模和低模完全重合之后的效果。需要在 3D 查看器中修改烘焙笼子大小，因为所制作的是工业场景模型，类似于硬表面的结构，这类型的物件都需要调整笼子的包裹效果，才能够获得比较好的法线效果。如图 1.86 所示。

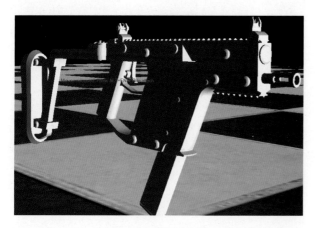

图 1.86　查看的效果

因为默认情况下，笼子的大小是被隐藏的，所以需要单击显示笼子的选项，来查看烘焙笼子的大小。如图 1.87 所示。

图 1.87　显示笼子选项

接下来通过滑块来调整笼子的包裹程度。通常情况下，笼子是刚好和低模贴合的，只需要稍微调大一点，即可让笼子包裹住高模。笼子包裹的原理就是当笼子能够包裹住高模的模型，也就是如果高模的模型在包裹的笼子之内时，在笼子之内的模型的凹凸程度就会被烘焙成法线贴图。如图 1.88 所示。

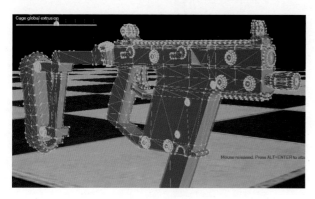

图 1.88　调整笼子选项

调整好笼子的大小之后，需要单击右上角的保存模型的选项，来保存刚才修改的结果。单击保存按钮之后，烘焙软件会询问是否要保存一个全新的格式命名及位置，需要在合适的文件位置保存全新的模型文件。通常情况下，这里是 .ovb 格式。建议将新的 .ovb 文件和之前的模型文件保存在同一个文件夹。如图 1.89 所示。

图 1.89　调整笼子选项

选择保存之后，烘焙软件会询问是否要立即替换成新的文件，这里选择替换成新文件。之后按 Esc 键退出界面。如图 1.90 所示。

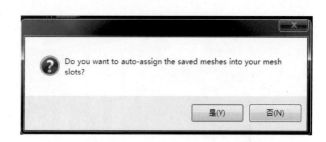

图 1.90　是否要替换成新文件

一切设置完毕之后，就可以单击烘焙贴图的按钮进行烘焙操作。如图 1.91 所示。

图 1.91　开始烘焙按钮

当烘焙完成之后，红色的停止按钮会消失，而出现关闭按钮。注意，这个时候烘焙才真正完成，单击关闭按钮，关闭窗口，并且前往刚才设置的需要导出的文件夹内，查看烘焙出来的贴图。如图 1.92 所示。

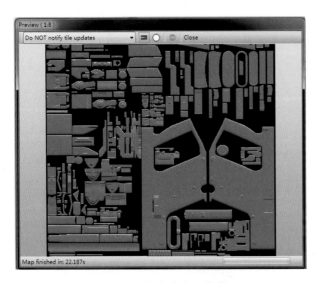

图 1.92　烘焙出来的法线贴图

图 1.93 所示是烘焙出来的 AO 全局阴影贴图的效果。

图 1.93　烘焙出来的 AO 贴图

但是对于次世代的贴图来说，仅有法线贴图及阴影贴图还是不够的，还需要有固有色贴图、高光贴图和光泽度贴图，这些贴图分别控制不同的属性。所以法线贴图用来使低模显示出像高模一样的细节，阴影贴图只是为了让模型拥有更好的立体感。

现在可以将法线贴图导入 Photoshop 中，并且将之前生成的 UV 坐标贴图和法线贴图重叠，因为这样才能知道哪些地方是法线贴图上需要添加细节的地方。

如图 1.94 所示。

图 1.94　修改后的法线贴图

通过在 Photoshop 中绘制需要的细节，并且使用 Photoshop 效果中的法线滤镜，将绘制好的细节转换成法线凹凸，这样可以给模型增加原来所没有的细节。如图 1.95 所示。

图 1.95　选择法线滤镜

可以通过法线滤镜的以上设置来对所绘制的形状进行转换，将文字或图片内容转换成需要的法线凹凸细节，如图 1.96 所示。这里需要注意的是 scale 参数。正常情况下，如果参数为正数，则效果为凹陷；如果参数为负数，则效果为突出。

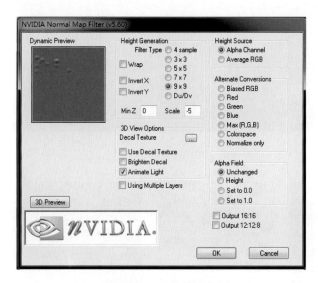

图 1.96　设置法线滤镜

如果想要查看烘焙出来的贴图效果，现在就需要进入引擎中，要启动 3D 引擎 Marmoset Toolbag 3。如图 1.97 所示。

图 1.97　引擎图标

启动引擎之后，可以将分好贴图坐标的低模拖拽到引擎的窗口中，如图 1.98 所示。可以通过按住 Shift+ 左键旋转天空、Alt+ 左键旋转摄像机视角、鼠标滚轮键缩放镜头，来查看模型。

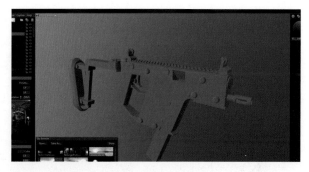

图 1.98　导入模型

可以单击右上角的加号，创建一个新的材质球。如图 1.99 所示。

图 1.99　新建材质球

选择新的材质球，找到 "Normals" 选项，将烘焙好或者制作好的法线贴图，拖拽到这个通道的窗口的小方块中。如图 1.100 所示。

图 1.100　法线贴图通道

继续向下查找 "Occlusion" 选项，将烘焙好或者制作好的 AO 和全局阴影贴图拖拽到这个窗口的小方块中。如图 1.101 所示。

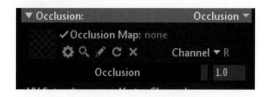

图 1.101　AO 贴图通道

将制作好的材质球拖拽到模型上，查看最终显示的法线及 AO 阴影的效果。如图 1.102 所示。

到此为止，了解了次世代、法线贴图和 AO 阴影贴图的含义，通过以上操作，让一个面数极少的模型呈现出一个几百万甚至几千万面模型的效果，这样就可以让计算机以非常低的消耗，来显示出非常精美的画面，这就是制作次世代美术的意义所在。

当然，到了这里，贴图制作还远没有结束，还需要通过其他方式，比如 Photoshop， 或者 Substance Painter 2.3，或者 BodyPaint 3D 等其他软件来为模型绘制剩下的固有色、高光及光泽度贴图。在自由创作中，方式方法并没有限制，除非在项目制作中有特殊要求，所以大家可以选择自己最熟悉或擅长的方式为模型制作剩下的贴图，如图 1.103 所示。在之后的课程中，还会详细介绍 3D 引擎，并且讲述如何详细地使用引擎来展示美术资源。

最终效果如图 1.104 所示。

图 1.102　贴图效果

SMG_Base_Color.png　　　SMG_Metallic.png　　　SMG_Roughness.png

图 1.103　不同通道的贴图

图 1.104　最终效果

第 2 章
手绘低模角色项目实战

※ 2.1　人体结构

　　在创建人物角色之前，首先要了解人体结构，可以从骨骼、体积及肌肉几个方面来入手。如果不了解，就无法得知为什么做的角色总是感觉怪怪的，却又说不出来错在哪里。并且人物是人们会去感性地观察、仔细地看、带着情感去审视的，所以要了解得更透彻。如图 2.1 所示。

图 2.1　杜隆坦的肌肉结构参考

学习目标

● 理解人体结构，掌握人体的重要比例和特征
● 理解制作人物模型时需要注意的地方
● 了解人物结构在贴图上的正确表现

首先要了解的就是骨骼，骨骼主要起支撑重量和保护内脏的作用，需要了解的是人体骨骼重要的关键节点，其中也可以把人体分成几个大块，这几个大块分成头部、胸腔、腹部、胯部。以上几个大块组合成了躯干。另外，还需要认知锁骨的顶点和胯部的顶点，因为四肢是从这几处延伸出来的。了解了这些先后顺序之后，对创建模型也有一定的帮助，因为在建模的过程中，就会像分子分裂一样，从头部分裂出脖子，再从脖子制作出胸腔，从胸腔制作出腹部及胯部，接着从上面提到的锁骨的点和胯部的点分裂出手臂和腿，这是一个非常好理解的逻辑，也是在建模中常用的建模顺序。如图 2.2 所示。

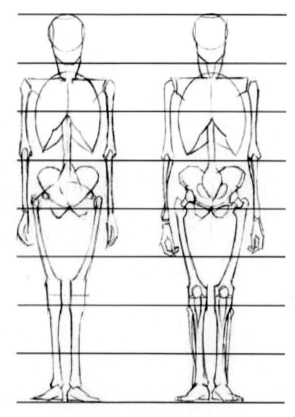

图 2.2　人体骨骼参考

之后就是所说的体块。需要把人体分成不同的体块，除了前面提到的内容之外，还可以把四肢分成上臂、小臂、手掌、大腿、小腿、脚掌这几个不同的体块。之所以要把这些理解成体块，是因为在每个体块之间，都有相互连接的关节点，以关节点为分界线，将每个部分切分成多个体块，就相当于带有人体关节的木偶，可以从人体末梢非常清晰地看到体块的分布，以及关节所划分的区域，这对于大家在建模的过程中如何确定分界线，以及在分界线上对这些关节点进行布线有很大的帮助。如图 2.3 所示。

图 2.3　关节模型参考

最后要说的就是肌肉。肉的部分包含了肌肉和脂肪两个部分，在绘制角色或者创建角色的模型时，除了要考虑到角色的强壮程度，还必须要考虑肌肉和皮肤之间的脂肪程度。因为大家总会误解，对肌肉进行死记硬背，当想要表现肌肉时，把所有的肌肉完全地表达了出来，直接忽略了脂肪的存在，这样的表现会显得皮肤特别单薄，使得角色看起来没有任何脂肪，肌肉纹理非常清晰。这种做法实际上并不真实，大家可以参考一些摔跤运动员或者拳击选手的身形，可以发现，即使是强壮的人，只要他的体重足够重，在他的肌肉和皮肤之间也是有一定的脂肪的。如图 2.4 所示。

※ 2.2 男女骨骼及肌肉区别

在制作模型之前，要先了解一下男性和女性的骨骼及肌肉的区别，这样可以帮助抓住男性或者女性的特征，把想要表现的性别特征在模型或者贴图上表达出来。如图 2.5 所示。

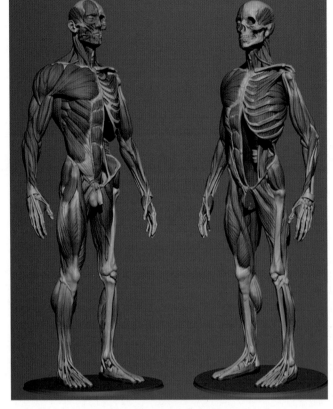

图 2.4　肌肉组织参考

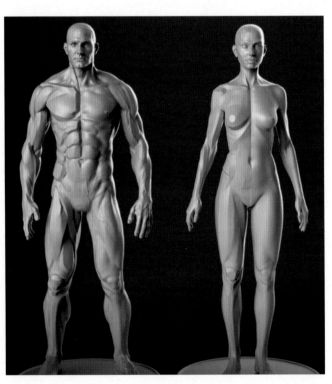

图 2.5　男女肌肉组织参考

　　在美术上将男性的主要特征形容为倒三角形，男性的肩膀更宽，胯部更窄，腰部更细，通常情况下，男性的肩膀会比胯部要宽出很多。另外，强壮的男性，其主要的肌肉会体现在胸锁乳突肌、斜方肌胸大肌和腹肌上。如果他的手臂足够强壮，他的三角肌和肱二头肌同样会非常发达，这些是在描绘角色时，通常会着重表现的一些肌肉，也是在服装设计上经常要表现出来的地方。通常情况下，男性拥有更强壮的身材、更大的体型、更高的身高，肌肉结构及块状的分布在身体的表现上也更加突出和明显。如图 2.6 所示。

　　女性的身形和男性的不同，主要呈现出来的是一个正向的三角形，女性的身体一般看不出肌肉效果。通常情况下，并不会在女性的身体特征上去过度表现肌肉，更多的情况是在皮肤表现下，呈现一个较为平滑的效果，也就是说，肌肉结构相对弱化，肌肉并不发达，皮肤之下更多的是脂肪的表现，这样才会显得身形结构比较平滑，肌肉的特征较少。同时，比较关键的特征是，女性的肩膀会较男性的相对窄很多，腰部在视觉上也会显得很细，原因是女性的胯部会比男性的要宽，胯的宽度通常会等于肩膀，有时候甚至会大于肩膀，这是女性人体结构非常重要的特征之一。如图 2.7 所示。

　　总结下来，可以理解为这几个区分点：从表现上来看，男性的肌肉更强壮，脂肪更少，肌肉结构更明显，女性的肌肉并不强壮，脂肪较多，结构不明显；从形体上看，男性的肩膀更宽，胯部更窄，而女性的肩膀更窄，胯部更宽。只要抓住表现上和身体上的男女性特征，就可以非常有效地将人物角色塑造成想要的性别特征。

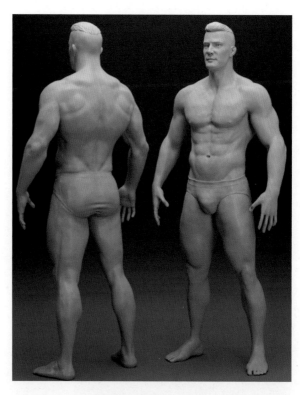

图 2.6　男性人体参考

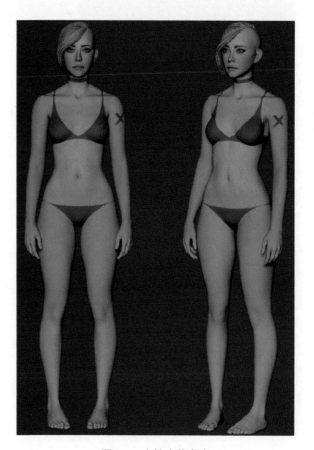

图 2.7　女性人体参考

※ 2.3 男性人体模型制作实例

在开始制作人体模型之前，会先在 3ds Max 中进行单位设置。所谓的单位设置，其实就是制定测量距离的标准，默认情况下，大部分的项目都是使用厘米为基础单位的。如图 2.8 所示。

图 2.8 单位设置界面

设置好单位之后，就可以创建一个简单的立方体，将它定为参照物。最重要的是将这个立方体的高度设置为 170 厘米，这样可以为角色身高做参照。如图 2.9 所示。

图 2.9 设置高度

但是当使用这个参照物时，它可能会阻挡视线，这个时候可以右击立方体，选择"对象属性"。如图 2.10 所示。

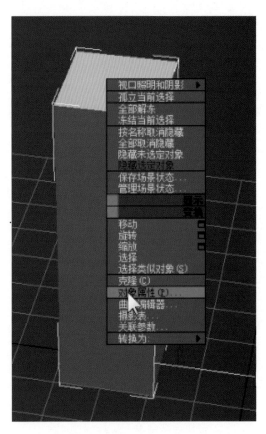

图 2.10 右击并选择"对象属性"

找到"显示为外框"选项，这个选项可以把立方体显示为线框模式，而不会看到立方体的面，这样就可以利用外框的情况来判断模型是否符合想要的高度。如图 2.11 所示。

确认好参照物之后，就可以开始着手制作头部了。思路就是从头部开始，一步一步向下去做。首先还是创建一个简单的立方体，把立方体放在头部位置，并且将长度和宽度调整到和头部差不多的比例。如图 2.12 所示。

确认立方体的长度、宽度、高度的分段都是 1，因为不需要太多多余的线段，最基础的立方体即可。如图 2.13 所示。

图 2.13 立方体线段数量

从一个立方体入手制作头部很难，所以会给这个立方体添加一个"网格平滑"命令，目的是让立方体呈现出更好的形状。如图 2.14 所示。

图 2.11 选择"显示为外框"

图 2.14 利用网格平滑

添加了"网格平滑"命令之后，立方体变成一个接近球体的样子，而目前的球体的样子已经比之前的立方体更接近头部的形状了。如图 2.15 所示。

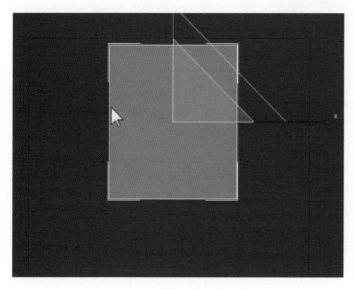

图 2.12 头部基础立方体

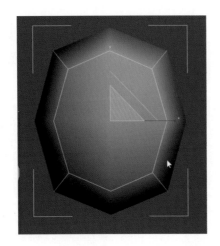

图 2.15 修改后的形状

有了造型之后，就可以进一步对头部进行设置。右击，选择立方体，找到"转换为可编辑多边形"选项，将目前的立方体转换为可编辑多边形。因为只有在可编辑多边形之内，才可以对这个模型的顶点、线段、面片进行编辑、修改和操作。如图 2.16 所示。

人体的头部可以简单地概括成类似于鸡蛋的形状。鸡蛋的一端是平滑的，另一端是较小较尖的，平滑的一端类似于头部的后脑勺，较小较尖的一端类似于头部的下巴，所以来到模型的侧面，进入顶点级别，移动模型的顶点，让模型看起来更接近于鸡蛋的形状，分别调整出后脑勺和下巴的形状。如图 2.17 所示。

在制作模型时，非常关键的一点就是需要多角度观察，毕竟 3D 物体是立体的，不能只在一个角度观察立体的物体，要时刻从各个角度去观察之前的操作是否正确，所以要不停地切换到正面、侧面和顶面，观察做的模型是否正确。现在也需要切换到正面，查看模型的顶点是否符合头顶和下巴的形状。如图 2.18 所示。

为了方便操作，可以对模型添加一个对称的修改命令，只要操作模型的其中一侧，另外一侧就会完全一致，可以节省工作量，不需要在两侧重复操作相同的步骤，同时也可以保证操作的结果是左和右完全对称的。这样的思路和操作完全符合人物角色左右对称的特点。如图 2.19 所示。

视口照明和阴影 ▶
孤立当前选择
结束隔离
全部解冻
冻结当前选择
按名称取消隐藏
全部取消隐藏
隐藏未选定对象
隐藏选定对象
状态集 ▶
缺少：管理状态集…
显示
变换
移动 □
旋转 □
缩放 □
Placement
选择
选择类似对象(S)
克隆(C)
对象属性(P)…
曲线编辑器…
摄影表…
连线参数…
转换为： ▶ 转换为可编辑网格
转换为可编辑多边形
转换为可变形 gPoly
转换为可编辑面片

图 2.16 转换为可编辑多边形

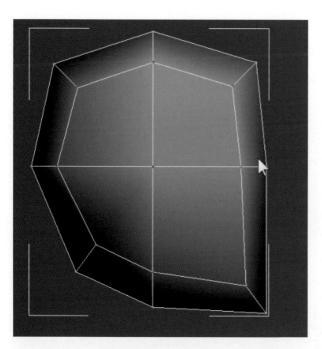

图 2.17　侧面头部形状

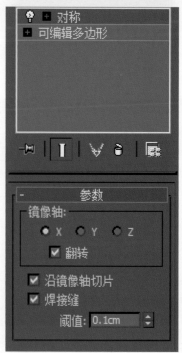

图 2.19　使用"对称"命令

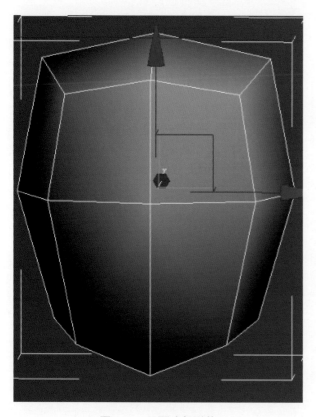

图 2.18　正面头部形状

到正面来调整人物头部的造型，注意下额头的宽度，以及下颚的部位和下巴的位置。如图 2.20 所示。

继续到头部的顶面来调整头部的造型。注意，从顶面看头部，后脑勺会相对宽一些，并且前额会相对窄一些，头部的两侧会比较平缓，所以头部并不完是全球体的。如图 2.21 所示。

能够跟颚骨平滑地过渡，到此为止，头型已经出来了。如图 2.22 所示。

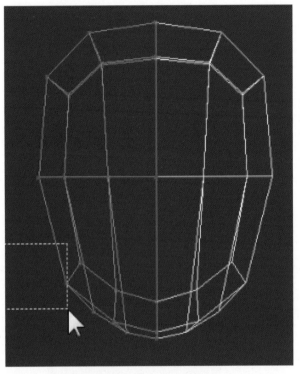

图 2.20　使用"对称"命令并添加线段

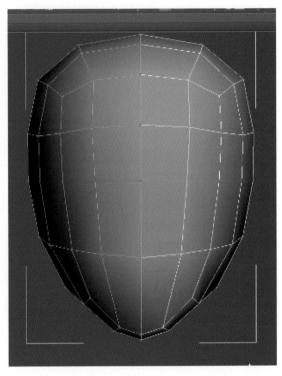

图 2.22　正面目前的布线情况

现在继续添加线段，为头部塑造出眉弓及鼻梁的位置。这个时候是塑造头部的关键阶段。人物的样子会看起来比较像一个蒙面的忍者，而这正是想要的关键造型，因为此时可以找到额头、眉弓、鼻梁及下巴的所有位置。如图 2.23 所示。

在模型的中间添加线段，不仅可以使模型更加圆滑，还可以通过新增加的线段找到嘴唇的位置，以及需要添加鼻梁的位置，这样就可以在鼻梁需要添加的面上选中这些面，并且使用挤出命令挤出新的鼻梁。如图 2.24 所示。

来到人物的侧面，挤出鼻梁的同时使用顶点级别，使用移动工具调整顶点，直到鼻梁符合大致的预期形状，如果有多余的顶点，可以将其移除，或者缝合到相应的位置上。如图 2.25 所示。

为了更好地塑造脸部，也为了能让脸部的细节更加丰富，还需要继续添加线段和移动它们的顶点。需要在眼部附近使用剪切命令，塑造出眼睛眼窝的形状，并且通过移动顶点的方式调整出眼窝和眼睛的造型。需要在鼻子附近添加线段，调整鼻头的圆滑度。还需要在嘴唇的附近添加线段，并且移动顶

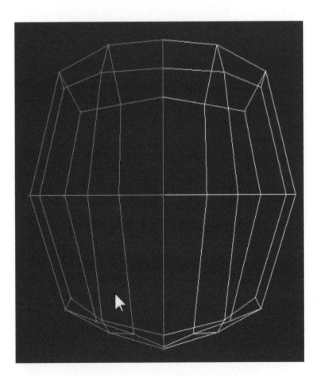

图 2.21　顶面目前的状态

继续添加更多的线段，来塑造出下巴的形状，使下巴

点,让上唇唇缝、下唇及下巴的位置能够对比得更加明显。这样人物造型就非常突出了,几乎可以从人物的侧面剪影看到五官想要表达的部分。如图 2.26 所示。

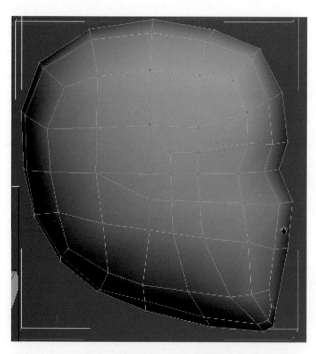

图 2.23 侧面目前的布线情况

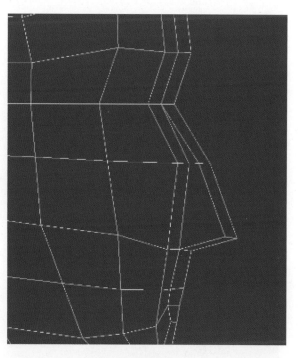

图 2.25 侧面鼻子的塑造

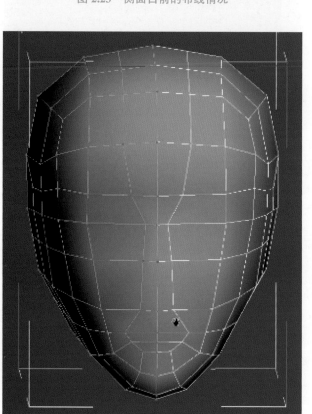

图 2.24 正面目前的布线情况

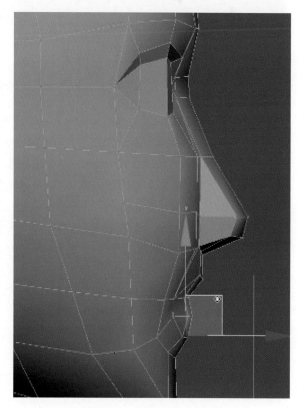

图 2.26 侧面顶点的调整

耳朵位于额骨垂直线的后方，可以利用剪切工具绘制出耳朵形状的线段，并且将相关的点进行合理的布线，之后再利用挤出工具将耳朵的形状挤出，将耳朵前方多余的零件缝合到脸部，根据实际情况调整耳朵的顶点。这里需要注意的是，耳朵并不是垂直向外挤出的，正常的耳朵会稍微向前一点，也就是说，可以在正面看到更多的角度。如图 2.27 所示。

会更向前突出，背部也比较宽厚，但是正面的胸腔到腹部这个阶段会相对比较平直，而背面的腰部则会有一个向前弓的造型，之后再将臀部向外凸起。所以，在制作任何模型时，都需要多角度观察。如图 2.30 所示。

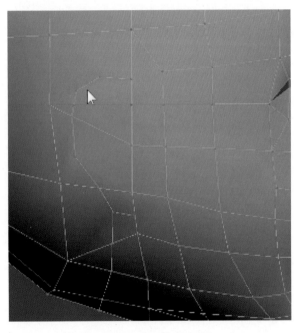

图 2.27　侧面耳朵布线

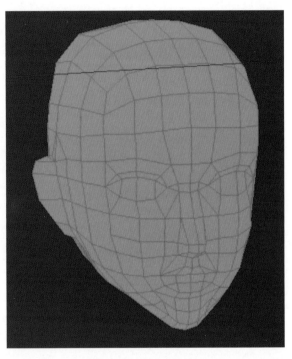

图 2.28　整体效果预览

继续根据项目中的实际情况来调整脸部的布线，目的是要达到一个较为舒服的状态。除了让每一个顶点都有连线之外，还需要保证剪影看起来符合人物的标准，因为模型的主要功能是撑起贴图的轮廓，所以模型的检验非常重要。其次是布线的合理性。布线越合理，人物在做动画时候的效果就越好。但是也要注意，现在做的并不是动画模型，而是一个即时演算使用的低模，所以在面数上是有一定限制的，必须在有限的面数之内做出尽可能多的造型。如图 2.28 所示。

接下来会创建一个立方体，将其删掉一半之后添加对称命令，放置在胸腔大致的位置作为胸腔的起始位置，会以此立方体来向外延伸，制作出整个躯干的造型。如图 2.29 所示。

注意回顾一下之前所说的男性特征。男性的肩膀更宽阔，胯部更窄，所以整体的躯干会呈现出倒三角形的形状；制作的同时也需要注意侧面的造型，胸腔部分

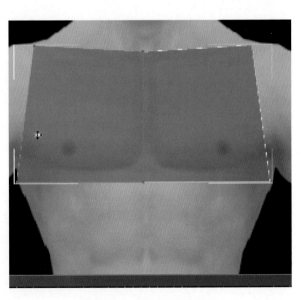

图 2.29　正面躯干基础型

继续添加线段，来塑造锁骨及胸肌。到侧面挖空手臂的缺口，再在里面挖空脖子的缺口，需要留出侧面手臂的缺口，制作手时，必须要留出顶面脖子的缺口，制作脖子和头部相连接。如图 2.31 所示。

由于之前已经做好了头部，所以需要在头部的脖子衔接处删除掉多余的面，留出缺口。同时，在胸腔的缺口处向上拖拽出新的面，这时没有办法将两个物体缝合，因为缝合的命令必须是同一个物体才能使用。需要选择胸腔，单击"附加"命令，将头部附加为胸腔的同一个物体之后，再对两个缺口进行缝合。可以进入顶点模式，使用顶点的"焊接"命令，将对应的顶点焊接起来。焊接时需要注意缺口，也就是说，缺口的边线的数量最好是相等的，这样在焊接时能够有点对应得上。如果焊接的缺口的边线数量是不相等的，就需要在焊接时考虑将多余的顶点焊接到哪一个点上。焊接之后，记得调整一下头部、脖子的位置，以及男性斜方肌的强度。如图 2.32 所示。

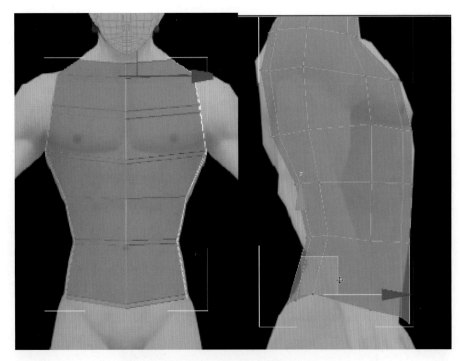

图 2.30 躯干的延伸造型

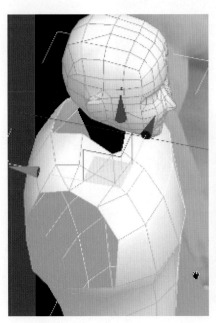

图 2.31 躯干的手臂缺口

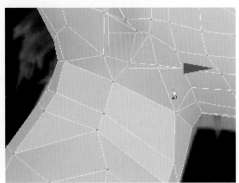

图 2.32 缝合脖子和头部

最后将胯部的面向下挤出，制作出类似于泳裤的造型，这样制作的目的是既可以制作出胯部裆部的效果，又可以为腿部留出两个缺口。这里需要注意的是，在制作裆部的面时，需要考虑到裆部的正面和裆部的背面，也就是臀部的造型，还需要注意正面的裆部和背面的臀部造型是不一样的。如图 2.33 所示。

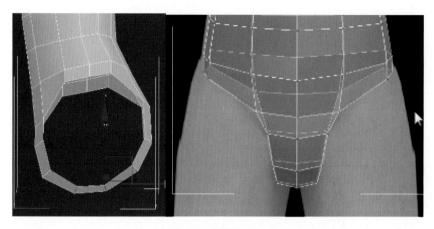

图 2.33　缝合裆部

　　继续往腿部的缺口向外拉出全新的面，并且保持向下的缺口，这样做的目的是制作出大腿根部的造型，并且保持整个腿部向下延伸的趋势。如图 2.34 所示。

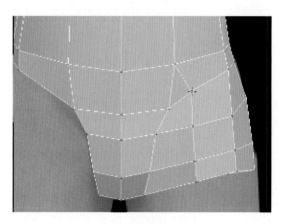

图 2.34　延伸腿部根部

　　来到正面的窗口，找到手臂的缺口，向外延伸出三角肌的部位，可以分几个阶段来制作。首先是三角肌，在延伸之后的三角肌上添加新的线段，以塑造出三角肌的强壮程度。如图 2.35 所示。

　　继续向下延伸，制作出上臂和小臂的造型，注意它们的肌肉结点和关节处分界的位置。这里需要注意的是，要在手臂的背面，也就是手肘的关节处，制作出一定的活动线。为了使角色能够摆出表演动作，在游戏、动画中需要使用关节线，如果没有关节线，那么角色在表现动作时，在关节处会出现非常严重的拉扯情况。关节线是为了让关节处能够更好地活动，并且在做出极限动作时不至于穿帮，或者出现拉扯。如图 2.36 所示。

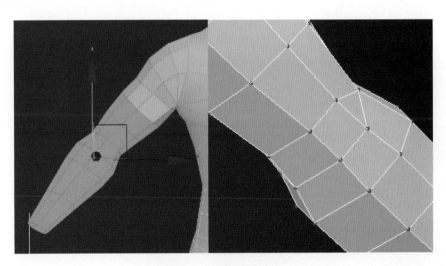

图 2.35 延伸手臂三角肌

图 2.36 延伸手臂结构

现在开始单独制作手掌的部分。一般情况下，并不会将手掌直接从手臂上挤出，而是进行单独的制作。因为手掌的制作是比较复杂的，会先创建一个简单的立方体，调整好这个立方体，并且在立方体的上端挤出一定的面，再将这个面缩小，作为衔接手腕的部分。如图 2.37 所示。

之后会将手一分为二地进行切线，最重要的是在手掌的底部添加三段线，也就是说，在手掌的底部将这个面分成四块，这是为了在这四块面上做出之后的四根手指。大拇指并不会在这个角度制作，因为大拇指是在手掌的侧面，这也是大家平时容易忽略的一件事，大拇指和其他四个手指并不在同一个平面上。如图 2.38 所示。

这样就可以继续向外挤出造型，分别挤出四个手指的造型，并且添加它们的关节线，而大拇指只需要在侧面向外挤出。这里需要注意手指的段数，按照正常来说，手指应该由三节组成，根据项目需求的不同，有些项目可能为了节省面数，手指只使用两节，而有些项目则资源较多，可以消耗的面数也更多，这里使用三节的制作方式。如图 2.39 所示。

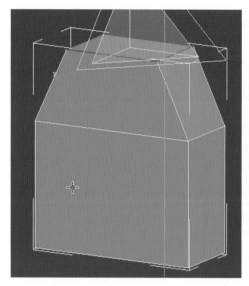

图 2.37　单独塑造手掌

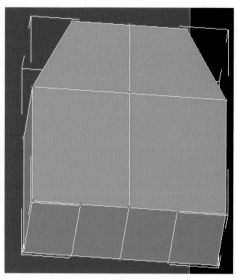

图 2.38　切割手指缺口

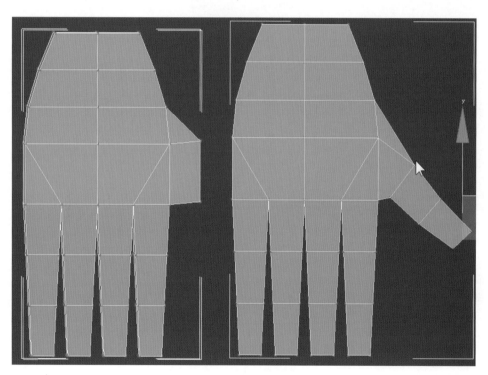

图 2.39　延伸手指结构

　　继续添加线段，细化手部的造型，并且最好使用旋转工具，让手部有一定的放松的姿态。真正放松的姿态，手指并不是伸直的，而是会有稍微弯曲。通常情况下，制作动作时，都会让角色整体处于一个相对放松、相对平衡、相对中间值的一个状态，因为这样的一个状态，是最适合设定为初始动作的。如图 2.40 所示。

　　调整好之后，就可以根据实际情况，把手臂移动到手腕的位置，删除手掌根部和手腕根部的横截面，将两个缺口对准，并且使用附加命令把手掌和手臂附加成一个物体，并且将手腕和手臂进行顶点焊接。如图 2.41 所示。

继续向下制作，找到腿部的缺口，向下延伸出面，制作出腿部的正面造型和侧面造型。注意，大腿部分会比较强壮，所以会有一个相对平缓的中间凸起，并且向膝盖部分过渡。到了膝盖部分，也是腿部最窄的部分。小腿部分从正面看，相对平直，而从侧面观察，小腿的腿肚肌肉会比较强壮。当然，也需要注意关节点的活动线，也就是膝盖部分需要给出足够的活动线段，这样可以做出屈膝动作。如图 2.42 所示。

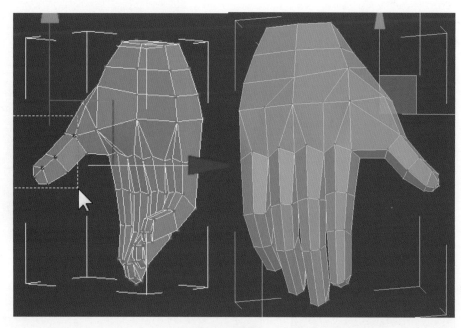

图 2.40 丰富手指结构

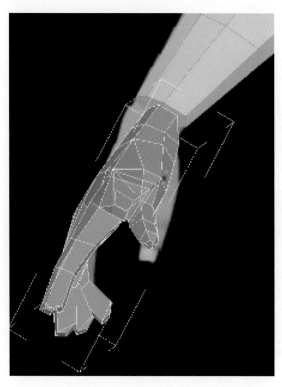

图 2.41 准备缝合手掌和手臂

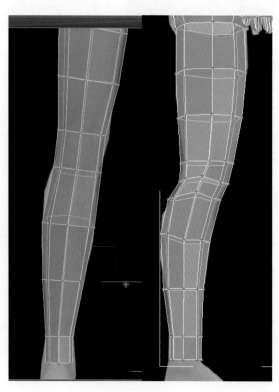

图 2.42 调整腿部正面和侧面结构

这里需要对应下脚板侧面的造型。脚板会更向前倾，而后不止有一点点脚后跟。根据角色不同的情况，可以制作脚部的足弓。如果角色没有穿鞋，那么会稍微带一点足弓的效果。另外，在制作时也要注意多角度观察，从脚板的底面及表面观察脚的形状是否符合鞋子的形状。在开始制作身体装备之前，可以先保存角色裸体模型，以便于重复使用。如图 2.43 所示。

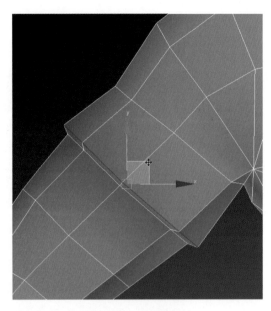

图 2.44 调整袖子

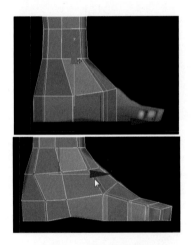

图 2.43 调整脚掌结构

找到角色上臂部分，在上臂的线段中，使用"切角"命令，分为两个线段，选中分出来的新的线段，使用缩放工具，将其放大一圈，并且调整这一圈线的位置，塑造出短袖的造型。如图 2.44 所示。

来到肩膀的位置，使用"切线"命令，创建出新的顶点，并且将新的顶点向上拖拽，塑造出背心的造型。如图 2.45 所示。

继续采用同样的方式在手套的附近进行切线，把新创建的线段放大一圈，并且使用移动工具调整它的位置，塑造出手套的造型。如图 2.46 所示。

图 2.45 制作背心

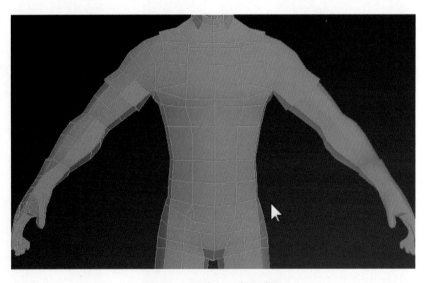

图 2.46 塑造出手套的造型

继续使用同样的方法，在裤脚的部位添加新的线段，并且将新的线段使用缩放工具放大，塑造出裤腿的造型。当然，还需要根据实际的情况，对整个轮廓进行整体的调整，调整的目标是尽量减少裸体的造型，而凸显出穿着衣服之后应该显示的剪影，这是调整的目的。如图 2.47 所示。

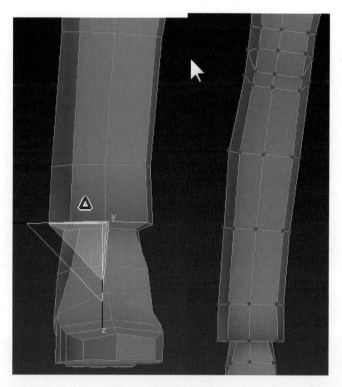

图 2.47　整体调整裤子

选择好头部，进入面级别。选择好需要的面，并且按住 Shift 键，向上移动复制出相应的造型。可以在这个相应的造型基础上，制作出帽子的造型。需要注意的是，帽子和身体并不是同一个物体，而是两个独立的物体，它们目前并没有被附加在一起。如图 2.48 所示。

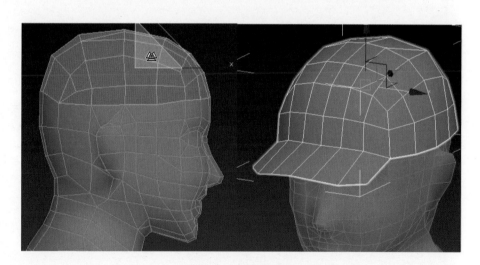

图 2.48　独立制作帽子

可以利用样条线的方式来绘制出眼镜的造型。这里需要注意的是，眼镜是对称的，并且镜腿和眼镜的方向并不在同一个平面上，所以利用样条线绘制眼镜造型时，只会绘制正面，并且只绘制其中的一侧。将样条线完全闭合之后，右击，将其转换成可编辑多边形，样条线会形成一个物体。如图 2.49 所示。

将眼镜转换成可编辑多边形之后，可以通过顶点和边线来调整眼镜的形状，可以进入边线级别，向后延伸，制作出眼镜的镜架，将其和头部及耳朵进行贴合。如图 2.50 所示。

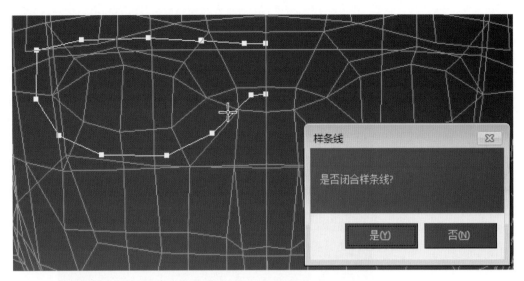

图 2.49　独立制作墨镜

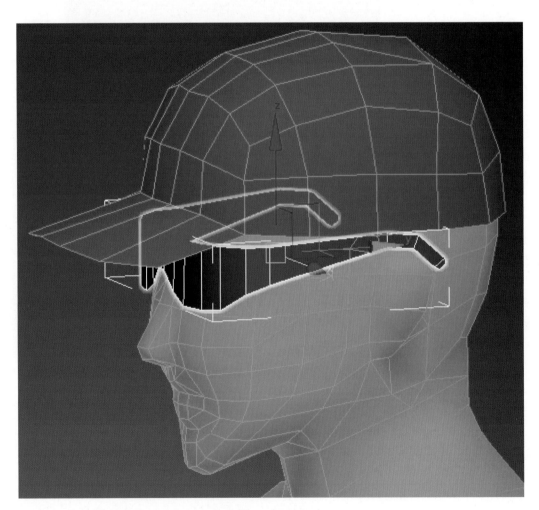

图 2.50　制作墨镜镜架

最后可以运用之前所学的建模方式来给角色创建其他的装备，例如左侧的背包及胸前的步话机，还可以复制左侧的背包，调整它的角度和大小，并将其放置在角色的背后，制作另外一个大型的背包。在制作背包时，需要注意给中间添加一段中线，因为希望在制作背包时可以左右共用，这样可以节省工作时间,还可以提升贴图精度。而在制作步话机时，没有办法使用中线，因为希望在制作步话机的贴图时，它能呈现出左右完全不同的样子。在步话机的按钮和天线中，只需要使用六段线就可以了，因为这只需以较远的位置观察即可，通常不会从横截面去观察，所以不需要太多的线段。低模的原则就是用合理的现状，在重要的位置表现出应该有的样子，使用较少的线段表现出能够表达的样子。如图 2.51所示。

接下来可以在 3ds Max 软件中对其进行贴图坐标的拆分，也可以使用 Unfold 3D 进行高效直观的贴图坐标的拆分。如图 2.52 所示。

进入贴图坐标拆分软件，按照之前学到的体块的分段对模型进行拆分。首先要把模型分成两大部分：一部分是身体，这里的身体，包括头部、身体、鞋子、手臂及眼镜部分，剩下的部分全部都是附加的装备，把其分到另外一个物体中，将这两个物体分别导出两个 .obj 文件，也就是说，一个模型文件包含了整个身体和眼镜；另一个模型文件则包括了装备，也就是帽子、步话机、背包。将身体导入UV 拆分软件中，按照之前学习的体块的拆分方式，首先将每个部分割断,例如头部、躯干手臂、手掌、腿、脚掌这几个体块,可以把每一个东西看作是圆柱体。对这些体块区分过之后，还需要有一个中间的圆柱体竖边线接缝将其展开，这个圆柱体竖边线接缝会隐藏在大腿的内侧、手臂的内侧，将这些切口切开之后，单击 UV 拆分软件中的"展开"命令就可以展开了。软件会帮助快速地展开，并且自动进入最佳松弛状态。这里需要注意的是，只需要导入一半就可以了，因为设计的角色是左右完全对称的，所以删除掉一半。UV 拆分之后，对拆分的模型添加"对称"命令，即可获得另外一半的贴图坐标。如图 2.53所示。

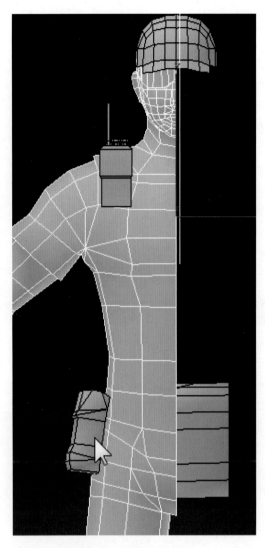

图 2.51　制作其他装备

图 2.52　拆分贴图坐标软件

　　装备的拆分同样需要把它拆分的接口放在结构衔接处，因为通常情况下，物体的结构衔接处本身就有接缝，所以把拆分的切口放在本身就有结构接缝的地方，是再合适不过了，这样物体在呈现贴图时，所呈现出来的 bug 就会非常少，甚至找不到它的接缝所在。这里同样需要注意的是，作者希望背包环节也是左右对称的，所以给背包添加了中线，再导入划分贴图坐标之前删除掉一半的背包。最需要注意的是，在划分完 UV 之后，只需要在贴图拆分软件中单击"保存"按钮即可保存整理过贴图坐标之后的模型。另外，还需要注意的一点是，在导入之前，模型是没有贴图坐标的，而保存之后的模型是有贴图坐标的，请大家分清两个模型的区别。如图 2.54 所示。

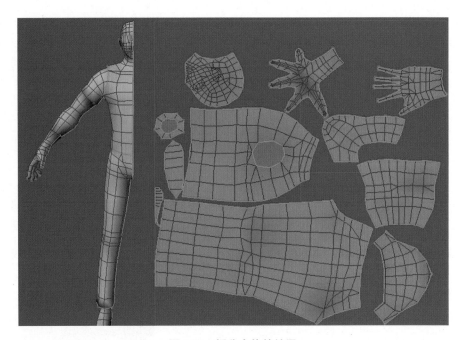

图 2.53　拆分人体的结果

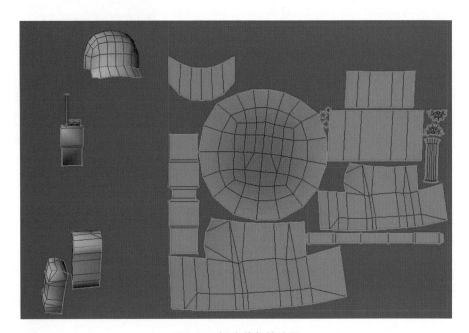

图 2.54　拆分装备的结果

现在可以回到模型的文档删除掉之前没有贴图坐标的模型，单击"文件"，选择"导入"，将划分好贴图坐标的模型再次导入 3D 模型文档。现在给导入进来的模型添加 UVW 展开命令，会看到刚才画好的贴图坐标，这里可以赋予模型棋盘格贴图进行检查，并且对模型进行整理。在这里，希望角色只使用一张贴图，所以需要把贴图全部整理到第一象限中，和之前摆放贴图坐标的原理一样，尽量保证所有的贴图坐标都整齐，这样做是为了保证贴图坐标的空间利用率较高。重要的部位应给较大的面积，比如脸部、头部，这些是比较重要的部位，也是需要清晰表达的部位，也是观众会仔细观察的部位；而鞋底或袖口这些部位是相对不重要的部位，可给较小的面积。这些是需要通过棋盘格来判断的。如图 2.55 所示。

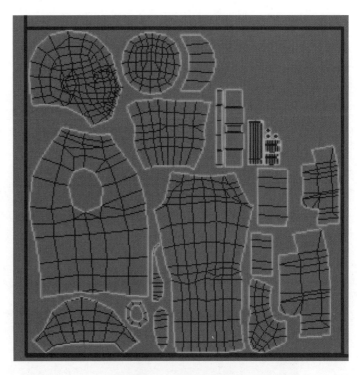

图 2.55　对摆放进行修改

在确认好贴图坐标的制作之后，需要将贴图坐标导出，可以打开 UVW 的编辑器，选择工具，选择渲染面板，在渲染面板中设置需要绘制贴图的尺寸。为了能够让贴图呈现的精度足够高，所以选择 4 096 的尺寸，但是一般的项目可能大部分的尺寸在 1 024 左右。最后单击"渲染 UV 模板"按钮，渲染出坐标的界面，并单击渲染窗口的"保存"按钮，保存贴图坐标。这里建议储存为 .png 格式，因为 .png 格式是带有透贴通道的，它可以留下需要的地方，而将不需要的地方完全透明，这样可以减少工作量。如图 2.56 所示。

图 2.56　渲染坐标

另外需要注意的地方是，在保存 .png 格式时，建议选择 24 位色，因为 24 位色的 png 图片对于 Photoshop 来说，相当于 RGB 的 8 位色，将渲染出来的贴图坐标导入 Photoshop 中，在 Photoshop 中新建一个图层，并将这个图层拖拽到坐标的下方并且填充一个底色。接着在坐标的下方、底色的上方新建一个图层，这个图层准备创建一个选区，那么如何制作这个选区呢？来到坐标的这个图层，使用魔术棒工具，单击空缺的地方，注意是单击空缺的地方，而不是相框之内，这样可以选中所有区域之外的区域。魔术棒选中所有区域之外的区域之后，按右键，选择"反向选择"。通过刚才的方式，选中了所有有用的区域，大家会发现，现在的情况是所有有效的区域都被选中。这样就可以来到要做的选区图层，选择灰色进行填充，就获得了选区图层。需要注意的是，这样做出来的选区和边界是完全贴合的。选区的边界和选区完全贴合，在绘制贴图时，会造成有接缝的情况，所以通常在选择好选区之后，单击 Photoshop 中的"选择"→"修改"→"扩展像素"，一般会扩展 2 ～ 4 像素，这样可使选区图层比贴图坐标的边界再大 2 ～ 4 像素，以保证在绘制贴图时不会出现接缝。如图 2.57 所示。

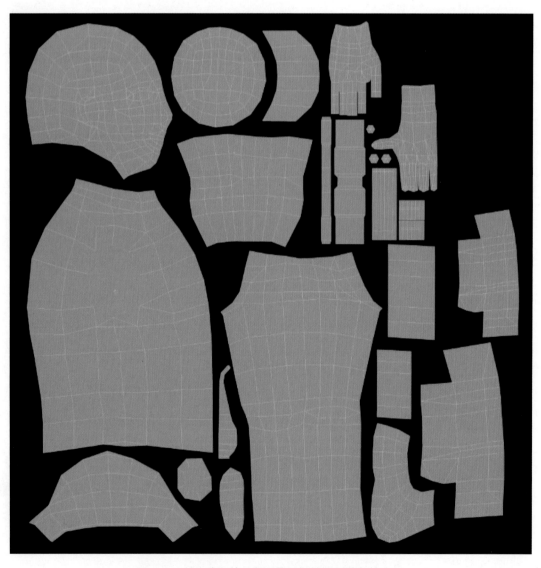

图 2.57　制作选区并且留下需要继续添加装备的空间

※ 2.4　男性模型贴图制作

可以在 Photoshop 及 BodyPaint 3D 等其他软件中为模型绘制贴图，这里取决于项目的要求。接下来会使用 BodyPaint 3D 这款软件进行贴图的制作。如图 2.58 所示。

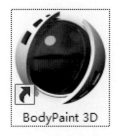

图 2.58　贴图绘制软件

首先将制作好的模型从 3D 模型文档中导出 .obj 文件，并且将导出的 .obj 文件导入 BodyPaint 3D 这款软件中。可以使用文件打开的方式，打开模型文件，也可以将模型文件直接拖拽到场景的窗口中。如图 2.59 所示。

在三维窗口中，同时按住 Alt 键和鼠标左键、Alt 键和鼠标中键、Alt 键和鼠标右键，分别旋转镜头、平移镜头和缩放镜头。同时，也可以使用鼠标的滚轮中键进行镜头缩放。也可以使用 F 键进入正视图、G 键进入背视图、L 键进入侧视图。这里需要注意的是，在这种无透视的视角中，是无法旋转镜头的。如果需要旋转镜头，就需要按 P 键切换到透视视角。

来到贴图绘制软件中的对象窗口观察一下对象窗口列表中所拥有的零件，发现这些零件就是在 3D 模型文档中拆分出来的零件，它们的拆分方式和 3D 文档中的一模一

样，包括命名也一样。可以在对象列表中隐藏某一个零件，因为在绘制时经常会出现前后阻挡或者左右穿插的情况。最好能够把模型拆成适当的零件，比如，在绘制身体时，可以将装备的零件隐藏起来；绘制装备时，可以将身体的零件隐藏起来，这样会非常方便制作，大家可以根据自己实际的情况，在 3D 软件中进行零件的拆分。导出模型时，只需要导出一个 .obj 模型就可以了，贴图绘制软件会自动在这一个模型中判断是由哪几个零件组成的。找到零件右上角的三个灰色小球，单击顶部小球按钮，将这个小球单击成红色时，就可以隐藏当前的物件了。如图 2.60 所示。

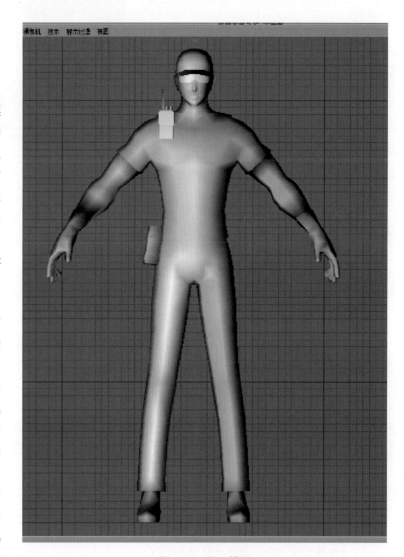

图 2.59　导入模型

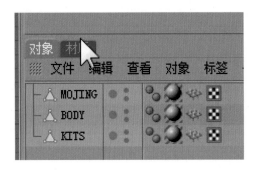

图 2.60　对象列表

在绘制贴图之前，需要先导入之前准备好的贴图基础材质，也就是之前所做的带有 UV 和选区图层的基础贴图。来到材质球界面，一般情况下，它会将 3D 文档中的材质球同时导入贴图绘制软件中，可以选择不想要的材质球，按住键盘上的 Delete 按钮删除，接着在空白的地方创建新的材质球即可。只需要在空白的地方双击鼠标左键即可创建新的材质球，如果想要将材质球赋予到模型身上，只需将材质球拖拽到对应的零件上即可。这里需要注意的是，材质球后方有一个画笔按钮，只有当画笔激活时，才能够绘制当前的材质球。另外，材质球之后有一个打叉的按钮，这是放置贴图的部分（之所以是打叉的图标，是因为一开始是没有贴图的空缺状态），双击打叉按钮，可以弹出贴图的"新建"菜单，这里可以添加对应的贴图。如图 2.61 所示。

图 2.61　激活材质球

在"新建纹理"窗口中，选择"现有文件"，因为之前已经做好了一张贴图文件，需要单击"现有文件"，导入之前做好

的贴图。这里需要注意的是，贴图绘制软件能够支持读取 psd 格式，所以建议大家使用 psd 格式即可。如图 2.62 所示。

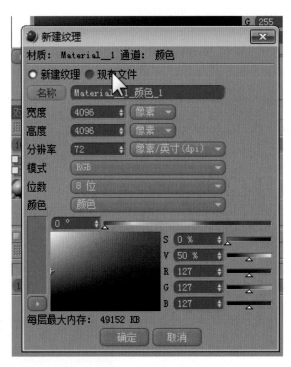

图 2.62　添加贴图

另外需要注意的一点是，大家需要把模型文件、贴图文件及贴图绘制软件的工程文件尽量放在同一个文件夹内，这样可以保证软件能够自动搜索到相关的文件，而不会造成文件丢失，或者路径无法找到的情况。

可以在显示的模式中切换看到的样子，建议大家使用"常量着色"这个状态。"常量着色"这个状态类似于 3D 软件中的"自发光"，它能够去除掉任何的光和影，只留下贴图的颜色，这样可以清楚地判断贴图画得是否正确，这也是手绘低模贴图的特点。如图 2.63 所示。

如果贴图坐标的现线框图层太过明显而干扰到视觉，可以找到图层上方的一个 100% 进度条。这个 100% 进度条用于调整图层的透明度，只需将贴图坐标的线框图层的透明度下降到 10% 即可，灰色涂层只是要使用的选区图层。如图 2.64 所示。

可以使用魔术棒工具，如图 2.65 所示，在选区图层选中的情况下，单击模型上的任何部位，就可以快速选中相应的选区。选中选区之后，就可以向下绘制。但是绘制之前请注意，不要在选区图层上绘制，应该新建一个空的图层，在图层上右击即可新建图层，这样就可以保证贴图坐标线框图层及选区图层不会遭到破坏。由于这两个图层是参照物，应把这两个参照物图层和要用的层区分开来。

图 2.63 修改显示模式

图 2.64 查看图层

图 2.65 魔术棒工具

通常情况下，会使用左边的画笔工具为需要填充的图层上色。如图 2.66 所示。

图 2.66 画笔工具

选择画笔工具之后，来到属性栏，可以在属性栏中切换笔刷。建议大家使用第二个笔刷。单击笔刷的圆环即可选择笔刷。一般只需要控制笔刷的两个属性：一个是尺寸的大小，另一个是笔刷的压力强度。尺寸越大，画出来的笔触越粗；压力越小，画出来的笔触就越淡。这里需要注意的是，通常建议大家将画笔的压力调整到 50% 以下，这样在画一些过渡色或者比较细腻的变化时比较好控制；只有要表达画笔边缘非常锐利的效果时，才会将压力调整到 50% 以上。如图 2.67 所示。

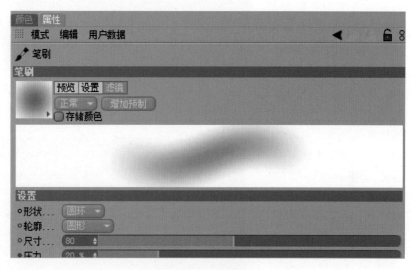

图 2.67 画笔属性

利用选区图层找到裤子的选区，使用滴管工具对颜色进行拾取，或者直接在颜色画板中调节颜色。这里建议大家画所有的东西都从暗部到亮部画，可以先做暗部的颜色，再画中间色调，最后提出亮色。如图 2.68 所示。

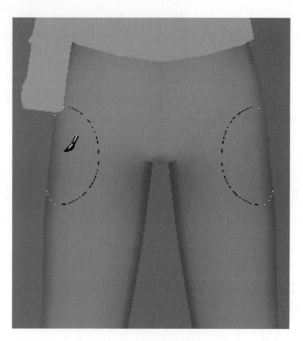

图 2.68 裤子的明暗大调子

最后可以吸取更暗部的颜色，为布料画出衣服的褶皱。大部分的衣服褶皱会出现在人体的关键部位，也就是大部分的关节处。对于裤子来说，大部分的衣服褶皱应该集中在腰部、胯部、膝盖部分。这些地方都是活动的关节处，也是动作幅度最大的部分。所以这些衣服褶皱的走势也会随着动作的幅度和关节的走向产生相应的变化。在绘制完暗部的褶皱之后，会吸取更亮的颜色在衣服凸起的部分提亮它们的色调，使整件衣服看起来更加立体。如图2.69所示。

裤子背面也就是臀部的效果，也采用类似的方式。需要注意的是，需要区分裆部和臀部的结构。由于前后的结构不一样，所以在穿上裤子之后，产生的衣褶和布料的走势变化也是完全不同的。这里也包括了膝盖部分，即膝盖的正面和膝盖的背面。大家注意区分它们的变化，骨点越突出、脂肪越多、肌肉越强壮的地方，布料越饱满，褶皱也就更少；越接近关节处的地方，褶皱也会更大更深。如图2.70和图2.71所示。

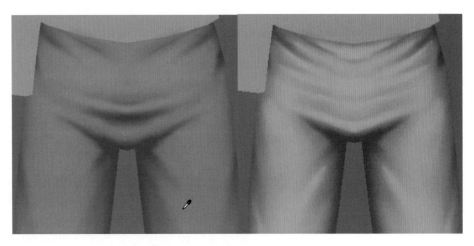

图 2.69　裤子的裆部衣服褶皱

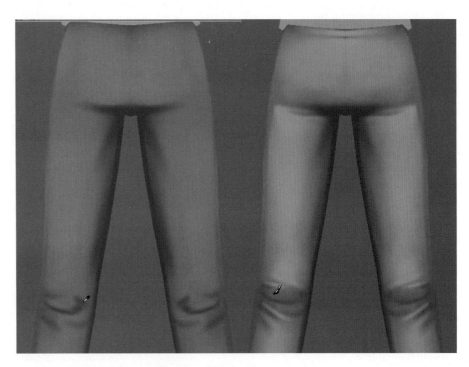

图 2.70　裤子的关节处衣服褶皱

在正面和背面绘制完成之后，再回过头来处理侧面的接缝。这种情况下，可以使用映射模式。如图 2.72 所示。

映射模式是有别于画笔的一种特殊处理方式，它可以在绘制时无视模型的结构及模型的凹凸起伏，直接绘制出想要的效果，并且将结果映射到模型身上。一般会在处理接缝时打开映射模式。请记住映射模式不是万能的，在需要时打开它。有些特殊的角度使用了映射模式反而会干扰对模型的判断。在不需要处理接缝或者凹凸起伏的时候，请关闭映射模式。

使用选区图层，找到手臂的选区，也就是手臂上方肩膀的这一块短袖的选区。使用相同的方式，先铺上暗部的颜色，再由暗往亮来画。注意一下，手臂受光的部分，应该是三角肌的顶部，以及肱二头肌的上半部分。而接近于腋下的部位，以及被背心所压住的部分，属于袖子的暗部，可以根据当时的情况和袖口产生的变化，以及背心压住短袖所产生的衣褶，来为短袖部分绘制衣服褶皱的变化。如图 2.73 所示。

接下来利用图层选区，找到背心的图层，将背心的区域选择出来。同样使用暗部的颜色，先将背心的区域涂满相应的固有色。之后拾取更亮一点的颜色为背心绘制出剩下的明暗关系。因为在手绘的项目中，通常使用顶光或者 45 度顶光的方式来给角色提供照明，所以，对于当前的角色来说，他的背心的肩膀部分、胸腔部分及背部应该是相对亮的部分。而他的腹部、腰部及腋下部分则会相对暗一些。还可以根据背心的结构使用最暗的颜色或者相对较暗的颜色来绘制出背心产生的结构线。利用结构线的区别来表达出背心结构之间的层次关

系。如图 2.74 所示。

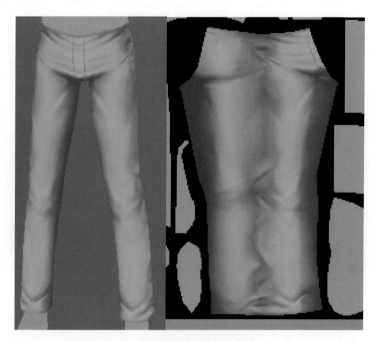

图 2.71　裤子整体衣服褶皱

图 2.72　画笔的映射模式

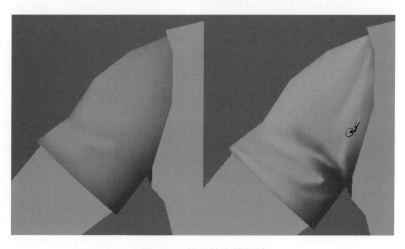

图 2.73　袖子的衣服褶皱

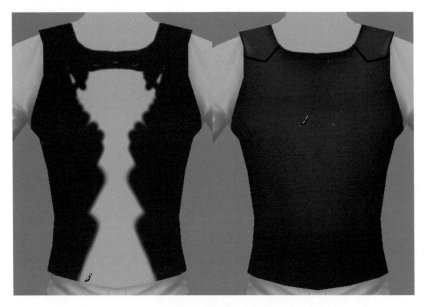

图 2.74　背心的整体明暗

　　利用暗部的线条绘制出背心的结构之后，需要拾取阴影部分的颜色在结构线之下绘制一些阴影，这样结构和结构之间会有一个非常明显的层次关系。因为是从上至下的光照效果，在上层的物件一定会给下面的东西产生投影。有了投影之后，层次之间的立体感加强了，还可以拾取亮部的颜色，为背心添加更多的细节。在结构交接点，以及一些装备服装零件的固定衔接位置中，会产生一些褶皱，这些细节都可以绘制处理。另外，在边沿的地方，如果有凸起的部分，可以拾取亮部的颜色，在边缘进行绘制，以强调它的厚度。如图 2.75 所示。

当绘制一定的部件之后，如果想要强化它的体积感，使其看起来更加立体，可以使用加深或者减淡工具，对绘制之后的模型进行暗部加深，亮部减淡。这样做的目的是加强物体本身颜色之间的对比度，使它视觉上更加立体，表现更加强烈。如图 2.76 所示。

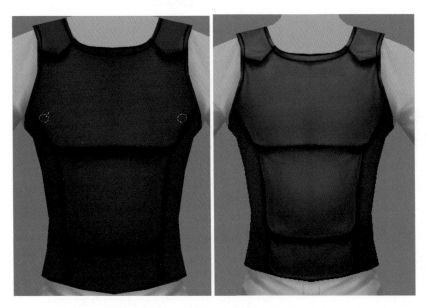

图 2.75　背心的细节处理

图 2.76　加深减淡工具

利用选区图层，找到头部的选区，在绘制脸部时，同样可以先吸取脸部的暗部色调，先完成暗部的绘制，再画中间调，继续提亮大部分的凸起结构。在这之前，先确认头部比较亮的部位有哪些，额头、眉弓鼻梁、颧骨、下巴这几个部位通常是脸部的亮部，也是骨点比较明显的部分。在这里需要特别强调的是，在绘制五官的基础结构时，一定要在打开相框或者显示贴图坐标的情况下进行，否则绘制结果和模型本身的凹凸起伏可能对不上，站在其他角度看起来是非常糟糕的。所以，在绘制基础五官的结构时，请打开贴图坐标的线框图层，观察一下，现在画的明暗关系是否能够抓准脸部的结构变化。如图 2.77 所示。

找到了关键的节点之后，可以逐步为角色绘制鼻孔、鼻翼、唇缝、唇珠、

需要加深的结构有手臂的内侧、嘴角窝、下唇阴影、鼻子底部、眼睛和鼻梁衔接处等。同时可以强调男性的颧骨及法令纹等这样的一些结构。脖子部分还可以强调胸锁乳突肌及斜方肌的构造。短袖的地方可以稍稍绘制一些阴影，来强调它的层次感。而在脖子部分，可以在和下巴衔接的部分剪掉一些阴影，来把头部和脖子的层次感区分开来。还可以根据发型的设计来新建一个图层，绘制毛发。这里注意，在绘制五官，尤其是毛发、眼睛、瞳孔和眉毛时，单独建立对应的图层，因为这些部分是需要经常修改的，如果它们被画在同一个图层中，修改起来将非常困难。如果是用单独图层来绘制的，修改起来比较自如，并且还可以随时改变它们的位置，而不影响到其他图层。也可以利用选区工具显示出装备，并且找到眼镜，将墨镜部分的贴图也一并绘制出来。如图 2.78 所示。

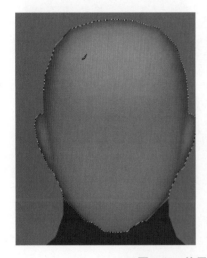 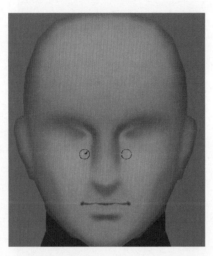

图 2.77 使用暗色调绘制结构

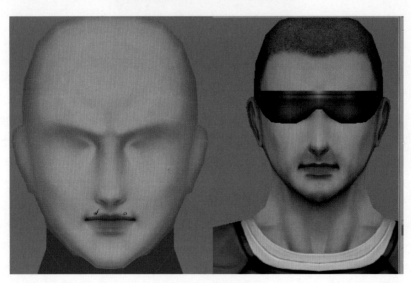

图 2.78 细化脸部

继续利用同样的方式来绘制手臂部分，可以特殊强调肱二头肌及小臂的肌肉，还有手肘部分的关节处。这里需要注意的是，手臂的外侧同样需要保持受光。光源容易照射到的部分相对会更亮，而手臂的内侧会显得更

暗一些。如图 2.79 所示。

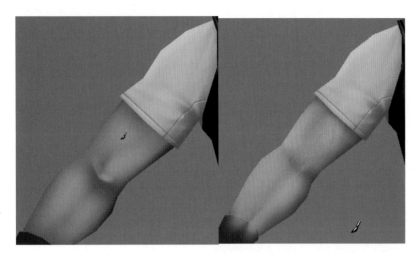

图 2.79　细化手臂

手臂的背面也同样需要表达小臂的肌肉，以及它们所产生的骨点，尤其是手肘部分的骨点。同样的手臂，在接近袖子的部分和手套的部分，可以添加适当的阴影来让手臂和袖子以及手套衔接，这样显得更加立体。继续选择手套的选区，利用背心的画法，先铺暗色调，再铺亮色调，再使用更深的颜色绘制出手套的结构，最后吸取亮色，将手套的褶皱表达出来。如图 2.80 所示。

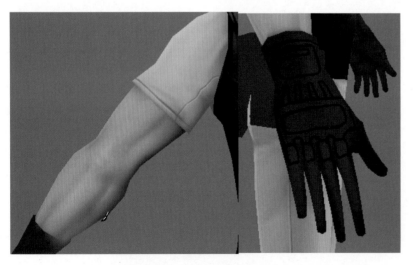

图 2.80　细化手臂背面和手套

不要忘记手套内部的绘制，也就是手掌心部分的一些结构。需要绘制出手掌心的一些肌肉结构、手指关节之间，以及指肚的突起和关节的凹陷部分。如图 2.81 所示。

除了在贴图绘制软件中绘制贴图之外，还可以回到 Photoshop 中，对贴图进行修改。以鞋子为例，这里在贴图绘制软件中绘制了大的明暗关系，以及刻线的结构。在贴图绘制软件中按下 Ctrl+S 组合键对贴图进行保存。这个时候回到对应的文件夹，找到之前的 .psd 文件。使用 Photoshop 打开，就可以发现之前的贴图已经更新了。如图 2.82 所示。

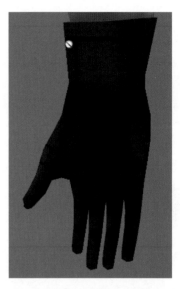

图 2.81　细化手套

图 2.82　绘制鞋子

在 Photoshop 中直接使用画笔或者加深减淡工具，对鞋子进行更有立体感的塑造。绘制完毕之后，需要再次保存项目中的 .psd 文件。但是，当回到贴图绘制软件中时，贴图是不会自动更新的。如图 2.83 所示。

选择好需要更新的材质球。单击文件，选择"恢复纹理"选项。将刚刚更新过的贴图恢复到最新状态，这样就看到了鞋子在 Photoshop 中修改后的变化。这里需要注意的是，必须时刻记住哪一次更新之后才是最新的，保存时也需要注意这一点。所以，如果回到 Photoshop 中修改贴图，修改完并保存之后，一定要记得关闭文件，以避免两款软件对同一张贴图相互覆盖而产生将之后的结果覆盖到之前的情况。如图 2.84 所示。

图 2.83　细化鞋子

图 2.85　细化装备贴图

如果装备上有一些特殊结构，可以在贴图绘制软件中做好标记，再回到 Photoshop 中单独绘制这些结构。当然，这些结构是独立图层的，因为可以重复利用它们。如图 2.86 所示。

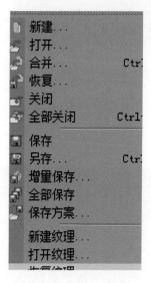

图 2.84　更新贴图

使用相同的方式继续绘制背包的纹理，注意背包的布料褶皱点。在背包里面装满东西的情况下，布料的褶皱点应该集中在转折处和结构的衔接处。包的上、下部分有两个层次，需要绘制阴影来把它们的层次区分开来。绘制完布料的褶皱之后再绘制缝纫线，这样可以保证缝纫线不会被布料的褶皱颜色覆盖掉。布料是有侧面和背面的，这些地方不要被忽略。如图 2.85 所示。

图 2.86　细化装备结构

在 Photoshop 中，利用加深减淡工具绘制出结构的明暗关系。如果层次感较强，可以利用不同的图层将它们的阴影关系表达出来。记住，在手绘贴图中，影子是非常重要的环节，如果制作的东西和后方的东西有一定的层次感，那么它们之间必然会产生阴影。使用单独图层来绘制，这样可以加强它们的立体感。同时，如果后期需要修改，直接找到阴影图像进行修改即可。如图 2.87 所示。

图 2.87　处理装备结构

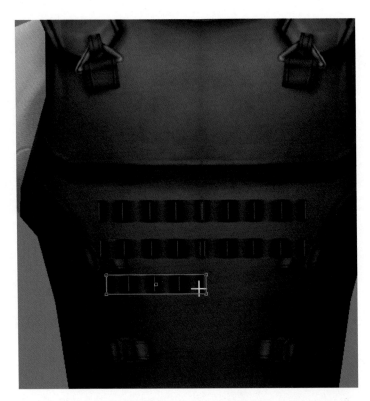

图 2.88　粘贴装备结构

利用以上方法继续丰富身上的结构及装备，这里需要注意的是，如果想要在立体的图像上粘贴一个平面的纹理，那么可以直接到 Photoshop 中复制想要粘贴的物件。回到贴图绘制软件，直接按 Ctrl+V 组合键进行粘贴，那么会进入映射模式粘贴。在映射模式中，可以无视模型的结构，粘贴想要的纹理。如图 2.88 所示。

同时可以通过变形工具在属性中移动位置，修改它的大小，旋转它的角度，缩放它的体积。如图 2.89 所示。

把文字变成图片，再对其进行处理。也可以使用贴画的方式找到想要的贴图，把它贴到贴图上。如图 2.90 所示。

图 2.89　变形工具

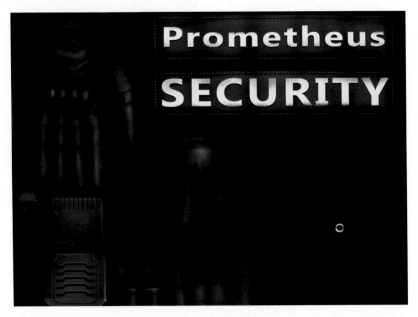

图 2.90　装饰物

在剩下的空间中单独制作了魔术贴的部分，魔术贴中的字体是使用文字工具打出来的，之后右击字体的图层，单击选择"栅格化文字"，

最后可以单独添加新的面片，划分好 UV，使用相同的贴图，并且把 UV 贴图坐标摆放到文字部分，来为角色制作魔术贴的效果。再把魔术贴

的模型放置到对应的区域即可。可以使用相同的办法来丰富角色剩下的装备和结构。同时，也可以回到 Photoshop 中为不同的材质添加不同的肌理图层。比如，为皮革添加皮革的肌理、为布料添加布料的肌理之后，再使用叠加或者其他的方式来为贴图增加更多的细节。如图 2.91 所示。

图 2.91　整理装备模型

※ 2.5　女性人体模型制作实例

在制作女性的人体模型之前，可以先拿之前制作好的男性人体模型进行修改。打开之前制作好的男性身体模型，去掉手臂和腿，只留下躯干的部分进行改造。如图 2.92 所示。

女性的斜方肌较弱，所以要从斜方肌的顶点上调整斜方肌的强度。还需要进入脖子的零点，调整脖子的粗细度。如图 2.93 所示。

进入侧面的轮廓，女性人体躯干会相对较薄，所以需要弱化背部、腹部及胸部的结构。从侧面看，曲线感也会更强，所以在这个地方会尽量让顶点过渡得平滑一些，曲线更柔和一些。如图 2.94 所示。

继续来到正面，之前提到过，女性的胯部要比肩膀更宽，或者是一样宽，所以这里选用肩膀附近的顶点，将肩膀往内部移动，以缩小肩膀的距离，同时调整腰部及胯部的顶点，让胯部变宽、变大，女性的特征更加明显。如图 2.95 所示。

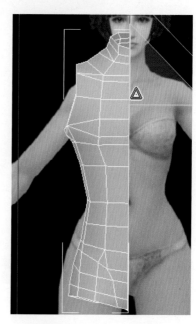

图 2.92　女性躯干模型

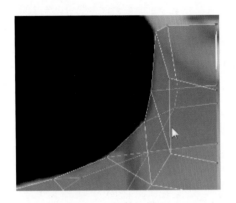

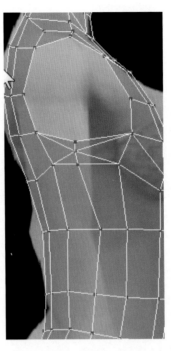

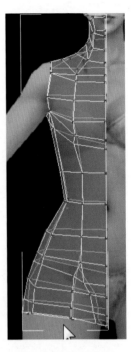

图 2.93　脖子模型布线　　　　　　图 2.94　侧面躯干布线　　　　　　图 2.95　腰部布线

男性的臀部相对较窄，并且需要的布线也比较少，而女性的臀部相对较宽，需要添加更多的布线来塑造臀部的弧线。同时，添加新的布线和顶点来调整腹股沟及胯部的造型。如图 2.96 所示。

女性的胯部呈现出来的腹股沟是相对平缓的，并不是大家通常理解的 V 字形或者 Y 字形。所以，在调整顶点时，要让女性的腹股沟显得平缓一些。如图 2.97 所示。

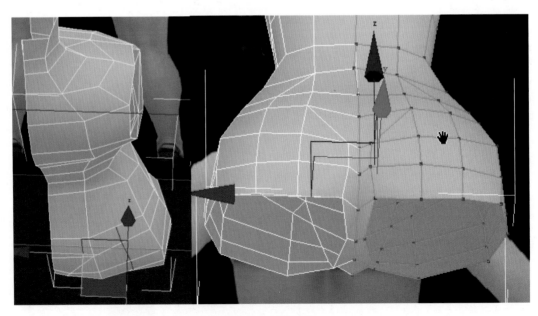

图 2.96　臀部布线

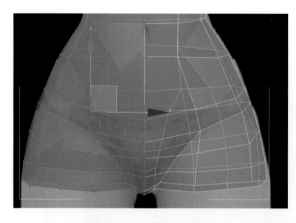

图 2.97 腿部根部布线

做手臂时，可以使用之前已经制作好的男性手臂。针对女性的特点，去掉所有的肌肉特征，并且将粗细度调纤细，以此来迎合女性的手臂特征。把手臂移动到和躯干接近的位置，并且附加到躯干上，成为同一个模型，再将手臂和躯干缺口进行顶点的焊接。这里手掌部分也需要切割下来，因为女性的手指相对于男性来说较小一些，同时，手掌上的强壮度也会更弱。所以，手掌和手臂需要拆开来单独调整。如图 2.98 所示。

腿部同样可以使用男性的腿部进行修改调整。这里需要注意的是，女性的大腿根部更宽，小腿肚上的肌肉结构也更平稳，不会像男性那么明显。更重要的是，调整部分有很大一部分在脚部，女性默认设定为穿高跟鞋。由于需要确定女性的高度，所以将所有女性的脚部设置为高跟鞋的部分。具体情况也要视项目需求而定，这一次的案例以高跟鞋为主。如图 2.99 所示。

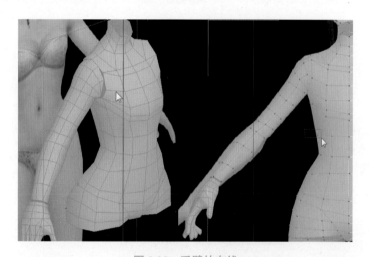

图 2.98 手臂的布线

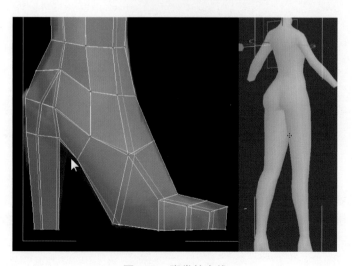

图 2.99 脚掌的布线

对于胸口部分，需要使用剪切命令来刻画左胸口的区域，新增加的顶点或者线状，都需要有一个合理的趋向。胸口切口区域中间的部分是需要创建向外挤出的部分，所以中间部分暂时不需要对其进行布线。选择中间

的面，挤出命令为向外挤出，获得胸部的基础型。如图 2.100 所示。

挤出之后，可以将横截面删除

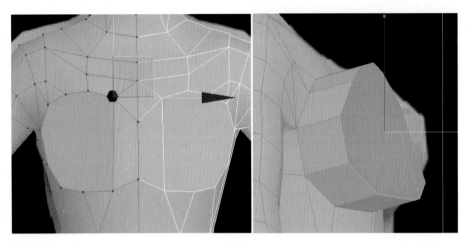

图 2.100　胸部的制作

掉，并对胸口中段部分进行调整，如果线段过少，也可以通过剪切命令增加新的线段和顶点，并且进行圆滑度的调整。如图 2.101 所示。

部分，要注意它和胸腔的衔接情况，其并不是垂直衔接进去的，而会有一部分在胸腔的侧面。另外，胸部的上半部分也会和胸口形成一个比较平滑的过渡。最后来到模型的正前方，将缺口封死，并且焊接掉一部分多余的线段，以节约面数。如图 2.103 所示。

如果想要营造出比较明显的效果，还需在中间部分添加新的线段，并且移动当前的顶点，向中间聚拢，这样光影效果会更加明显和突出。如图 2.104 所示。

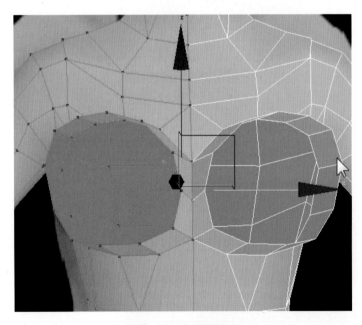

图 2.101　胸部的缺口

来到顶视图。选中缺口的边界进行缩小，每一次向外挤出一定的程度，就会向内缩小一圈，直到胸形调整完整。这里需要特别注意的是，胸形并不是垂直向前的，左胸和右胸之间存在一定的夹角，它们分别会向外侧倾斜一些。如图 2.102 所示。

来到模型的侧面和正面继续调整。注意下侧面的形状，尤其是胸部下半

在制作完成身体之后，还需要对头部进行适当的微调，将头部的颚骨下巴或者其他五官调整得更加女性化。同时，头部一般情况下会比男性稍微小一些，还需要在头部与脖子的接口部分同时删除面片，并将身体和头部附加成同一个物体，最后将脖子与头部的顶点进行焊接，形成一个完整的身体效果。制作完成之后，需要进行多角度的观察，确认每一个角度看上去都相对比较正常。如图 2.105 所示。

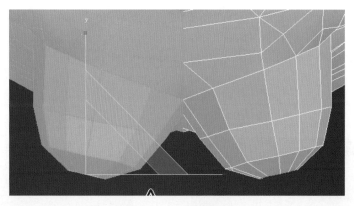

图 2.102　胸部的布线

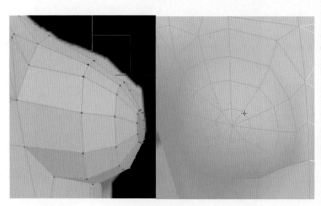

图 2.103　胸部的细化

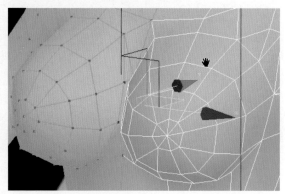

图 2.104　胸部的调整

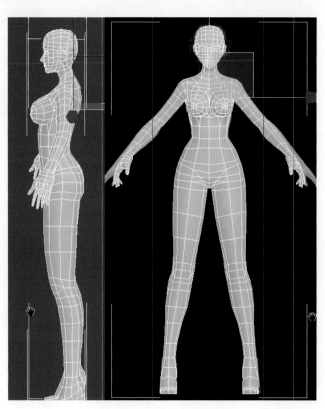

图 2.105　整体布线调整

之后做女性的毛发。这里以长卷发为例，首先进入头部模型的面级别，将图片部分的面片选择出来，并且对它进行缩放设置，把原本的面片放大一点，按住 Shift 键的同时向外放大。这时可以把放大之后的模型复制成一个新的对象。如图 2.106 所示。

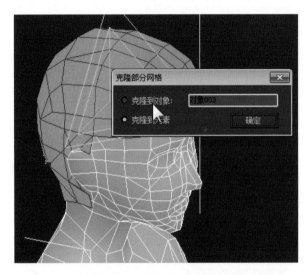

图 2.106　复制头部结构

复制出来的新的对象，形成了一个类似蘑菇头的效果。可以在这个新模型上继续制作头发。选择边界，也就是进入边线级别，找到这些边界的线，按住 Shift 键，使用移动工具向外拖拽，创建出新的面片。再进入顶点级别继续调整顶点的位置。重复以上的步骤，塑造出想要的发型。如图 2.107 所示。

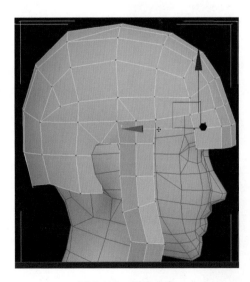

图 2.107　制作头发

在做头发的同时，需要控制头发和头皮的衔接处。一般情况下，会让头发和头皮有比较好的衔接；如果没有，也会让头发的面皮稍微插入头皮一点，这样可以降低穿帮的程度。头发的制作方法有很多种，根据不同的项目要求，会有不同的情况，这里使用的是面片的形式。之后会在贴图绘制时给毛发添加透明贴图通道，绘制出发丝的感觉。如图 2.108 所示。

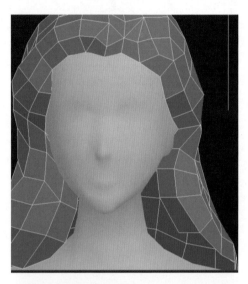

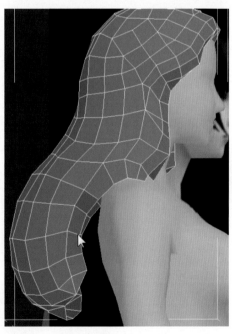

图 2.108　延伸头发

将头发模型导出，并且进入贴图坐标拆分软件中对头发进行贴图的拆分。由于头发是一个比较复杂的结构，所以在拆分头发贴图时，尽量不要横向将其割断。

在条件允许的情况下，尽量以竖线的方式对毛发进行切割。在本次案例中，尽可能少切割切口，把整个头发直接展平，只在发际线的附近，也就是发旋的附近，做了一个小小的切口。如图 2.109 所示。

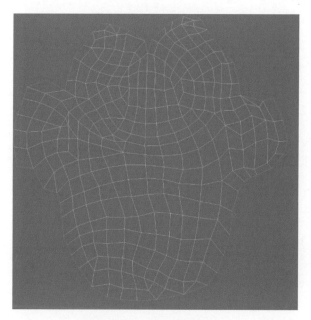

图 2.109　拆分贴图坐标

将分好的头发导入 BodyPaint 中，准备对毛发进行贴图绘制，当然，在此之前，须对毛发做好了选区图层和 UVW 坐标贴图图层，也制作好了 .psd 文件提供给贴图绘制软件进行读取。如图 2.110 所示。

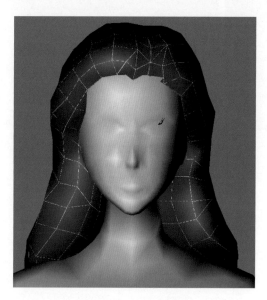

图 2.110　导入模型

利用选区图层找到头发的选区，对头发进行大面积的填充。还是遵循从暗部往亮部画的原则。在暗部选择头发，将头发平铺之后，选择稍微亮一点的颜色，在头发起伏的部位进行提亮。这里需要注意的是，由于是卷发，所以有一定的起伏，并不是越接近头顶越亮。要在头发起伏的节奏感上，绘制出亮部和暗部。这样可以强调头发的走势，以及它的起伏，甚至可以感受到它的卷曲度。如图 2.111 所示。

图 2.111　大致明暗绘制

绘制好明暗关系之后，使用较深的颜色及较细的笔刷来绘制头发的走势，也就是发束和发束之间的暗部。这个绘制的过程有点类似于梳头的方式。总之，它可以帮助更好地判断头发是如何按照不同的节奏感和方向来走的。这是关键步骤，在绘制时要尽量避免重复。也就是说，在绘制头发的走势时越随机，表现出来的感觉越真实，要避免一样宽、一样长、一样的角度、一样的卷曲度、一样的距离，如果什么都是一样的，看起来就非常假；越随机，就越真实。如图 2.112 所示。

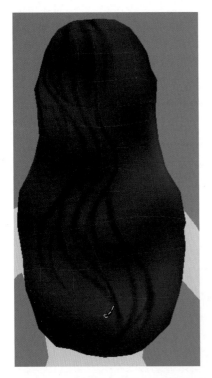

图 2.112　头发的走势

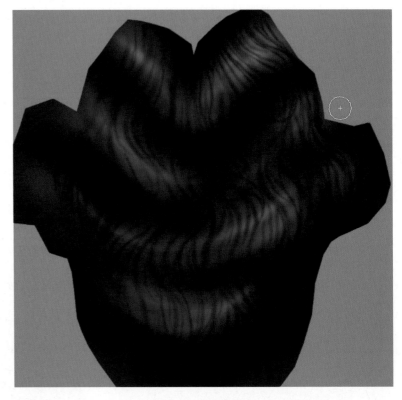

图 2.113　加强明暗

绘制好之后，会回到 Photoshop 中，利用加深简单工具来强调头发的起伏和褶皱感。凹陷的部分继续加深，凸起的部分用减淡工具提亮，这样波浪感会更加明显，立体感也就更强。如图 2.113 所示。

更新之后，可以回到贴图绘制软件中，使用涂抹工具继续对毛发进行细化。利用涂抹工具绘制出更多的发丝，让细节更加丰富。如图 2.114 所示。

之后同样回到 Photoshop 中继续细化毛发。因为给予的贴图尺寸是足够大的，单独给了毛发一张 1 024 尺寸的贴图，所以尽量细化毛发。如图 2.115 所示。

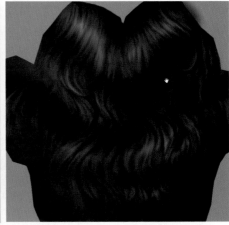

图 2.114　加强发丝　　　　　图 2.115　细化头发

还可以单独制作一些毛发的细节，这些是需要独立的面片的模型来支撑的，它们和主体的毛发并不一样。它们独立存在，并且产生很多的层次感。这里使用逆向思维的方式，首先做好贴图，再制作模型。如图 2.116 所示。

需要注意的是，毛发是要讲究透贴的，所以可以利用选区及减去图层的方式来去掉不需要的部分。首先创建一个新的选区。按 Ctrl 加右键，单击毛发的图层，裁剪掉选中的所有选区，剩下的部分就是想要抠掉的部分。如图 2.117 所示。

在 Photoshop 的通道中为贴图添加 Alpha 通道。所谓的 Alpha 通道，就是控制模型及贴图中哪些部分需要显示、哪些部分不显示的通道。黑色表示完全不显示，白色表示完全显示，那么灰色会产生半透明的状态。如图 2.118 所示。

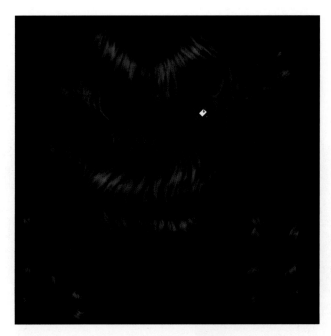

图 2.116　添加其他发束

图 2.117　制作透明通道

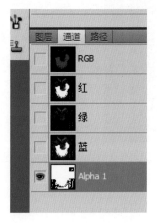

图 2.118　添加透明通道

在 3D 模型文档中为毛发添加一个新的材质球，在漫反射通道和不透明通道上都添加毛发贴图。需要注意的是，并不是所有的贴图格式都支持透明通道，例如 .psd 文件就不支持透明通道。这里将需要透明通道的贴图储存为 .tga 格式。如图 2.119 所示。

　　单击进入不透明通道的贴图内部，在位图参数选项中找到单通道输出的选项，将默认的 RGB 强度改为 Alpha，如图 2.120 所示。并且单击返回上一级，回到材质球上层继续设置，如图 2.121 所示。

　　如果出现了一些显示不正常的情况，返回材质球的上层，重新开关一下，显示贴图按钮，如图 2.122 所示。

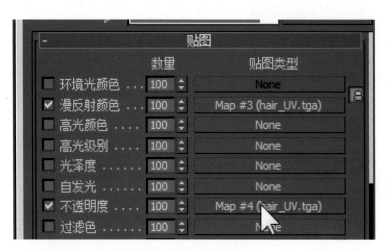

图 2.119　导入贴图

图 2.120　选择显示方式

图 2.121　返回上一级

图 2.122　重新显示贴图

　　看到了透明贴图之后的情况，就可以给毛发添加刚才制作的其他发丝部分，用剪切的模式将这些面片按照想要的形状切割出来，并且赋予毛发材质球。再将这些模型复制若干份，按照意愿在头发上将它们摆放好。如图 2.123 所示。

图 2.123　添加发束模型

　　在摆放的过程中，需要消耗一定的时间，必须一边摆放一边观察。如果模型出现了只显示一面的情况，可以右击模型，进入物体属性，将背面消隐选项关闭，这样就可以看到毛发两边的情况了。如图 2.124 所示。

　　可以运用之前所学的知识继续为角色创造其他的装备，并且划分好所有的贴图坐标，为接下来要做的贴图绘制做好准备。如图 2.125 所示。

图 2.124　整理发束模型

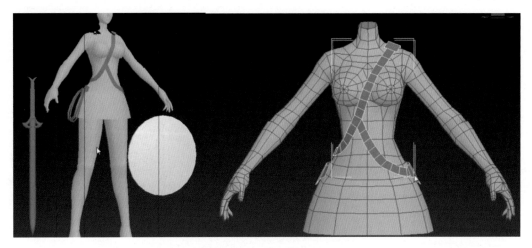

图 2.125　添加装备模型

※ 2.6　女性模型贴图制作

绘制女性的脸部，也需要从暗部往亮部画。首先拾取最暗部的颜色，平铺到整个脸上，再拾取中间色调。鼻梁、颧骨、下巴这几个位置铺上稍微亮一点的色调，让脸部立体起来。另外，需要显示贴图坐标的现况，找到唇缝所在的位置，标记一下嘴唇的唇缝。如图 2.126 所示。

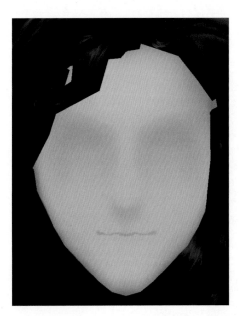

图 2.126　脸部大体明暗关系

确认了唇缝的位置之后，可以使用较深的颜色绘制一下唇缝。需要注意的是，唇缝并不是直线，其需要表现出唇珠和嘴角的结构，尤其是嘴角，这是一个大家容易忽略的结构。实际上，嘴部的嘴角是比较深，比较明显

的，需要给它一个较为深的缺口，营造向内凹陷的感觉，把它强调出来。之后再绘制上唇和下唇，上唇的颜色更重，下唇的颜色会更浅一点。在嘴唇唇线接近于嘴角的位置，不需要表现得过于明显，也就是说，唇线越接近嘴角，会表现得越不明显。如图 2.127 所示。

继续绘制鼻子的鼻孔及鼻翼的结构。在鼻子突出的地方，会产生一个向下的阴影，也就是常说的鼻底阴影，通常会形成一个三角形的暗部区域。绘制鼻孔时，也不需要做成两个圆洞，而是形成一个三角形的鼻孔。在绘制时，可以继续强化嘴唇的结构，在上唇的唇线附近使用亮边，把嘴唇的棱角体现出来；在下唇的厚度上使用高光，将下唇的厚度及它的圆润度体现出来。在表现完这些内容的同时，可以在下唇加入一些阴影，使下唇凸显得更明显。另外，也可以在鼻头添加一点高光，使鼻头更高、更亮。如图 2.128 所示。

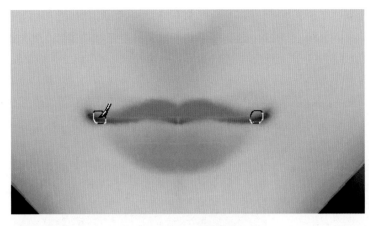

图 2.127　上下唇和唇缝

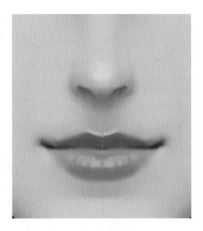

图 2.128　细化嘴唇

接下来需要根据贴图坐标的现况来确认一下眼睛的位置，可以使用比较深的颜色来绘制眼线。通过对上眼线和下眼线的绘制，来确认眼睛的大小。通常情况下，会将上眼线画得更粗、更明显，下眼线画得更细、更淡。同时，可以为眼睛绘制双眼皮，在双眼皮之上绘制上眼影，产生的一些阴影让眼睛更加有神。之后在眉弓的位置绘制出眉毛，眉毛由实转虚，在眉毛产生的位置相对会宽一些，在眉毛结束的位置相对会窄一些。同时需要注意，女性的眉毛是不需要太粗的。当然，也需要根据人物性格设定来进行不同的绘制。如图 2.129 所示。

可以在眼窝部位加深颜色，让眼窝视觉上更深，同时也可以显得鼻梁更高。在上眼皮附近，可以添加眼影的效果，这样可以使眼睛看起来更大，也更有神。至于眼白部分，不需要画得太亮，非常忌讳在眼白上面使用完全的白色，通常眼白会使用较灰的灰色或者米黄色来绘制。并且受到脸皮的影响，眼白的上半部分会相对暗一些。如图 2.130 所示。

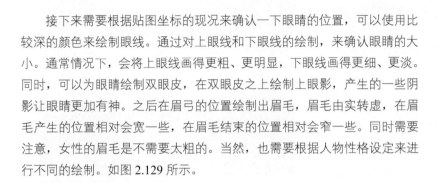

图 2.129　眼睛的位置

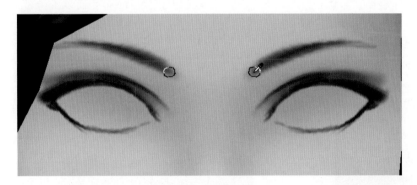

图 2.130　细化眼窝

绘制好眼部之后，需要新建图层来绘制睫毛及瞳孔。在没有单独为睫毛创建模型的情况下，通常把睫毛直接画在贴图上。注意睫毛的方向，睫毛是放射状的，类似于时钟的中心发射形状，并不是垂直向上或者垂直向下的。上睫毛会更粗、更密、更多，下睫毛会更少、更淡、更软。而瞳孔则需要新建一个图层。绘制的瞳孔可以相对大一些，并且不需要把整个瞳孔完全绘制出来。正常情况下，人类的上眼皮会遮住大概1/3左右的瞳孔，如果瞳孔完全暴露出来，则会使这个人显得恐怖。如图2.131所示。

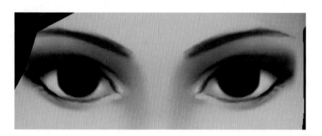

图 2.131　添加瞳孔和睫毛

首先绘制瞳孔的底色。确认好瞳孔的大小和位置之后，再新建图层，确认瞳孔、虹膜的颜色，在虹膜的中心点绘制黑色的瞳孔。由于上眼皮的影响，虹膜和瞳孔的上半部分较暗，下半部分由于光线的照射会显得更亮。可以适当地表现虹膜的结构，并且在合适的位置，也就是眼角膜集中点的位置，表现眼球的高光。如图2.132所示。

图 2.132　细化眼睛

关于脸上类似于红晕的部分，是用单独图层来绘制的。将笔刷调弱调淡，拾取红晕的颜色，单独在脸部需要表现的地方进行绘制。通常情况下，会在脸颊、鼻头及下巴、眼圈等附近适当绘制一些红晕。会对这个图层使用叠加或者其他方式来和其他图层一起计算最后的结果。如图2.133所示。

图 2.133　细化脸部

还是需要多角度观察，观察一下正面绘制完之后的侧面效果。对于明暗关系的过渡，需要将其绘制出来。另外，还需要注意耳朵的部分。耳朵的颜色需要和脸部的侧脸缓和地过渡，并且需要在耳朵的位置绘制耳轮的结构。如图2.134所示。

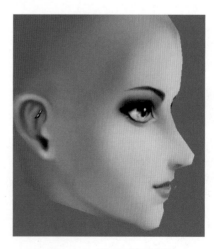

图 2.134　处理脸部侧面

在制作完脸部的贴图之后，可以单独新建一个图层。虽然已经制作了头发的模型，但是为了不穿帮，以及在运动时避免看到头皮的效果，还需要在头皮之上新建图层，单独绘制头皮上的头发，这样可以保证模型在运动时，即使出现穿帮的情况，也还能保持正常的显示效果。如图 2.135 所示。

图 2.135 补充头皮毛发

接下来可以尝试绘制装备，可以先从头箍开始。新建图层，选择适当的颜色，这里选择金属暗部的颜色，先用画笔绘制出头箍的形状。如图 2.136 所示。

图 2.136 绘制装备

之后选中头箍的形状图层。保持形状不变，拾取金属稍微亮点的颜色，绘制出头箍金属的电镀效果，让它有一定的金属过渡，中央的部分会显得更亮，受光照更多，侧方会相对暗一些。如图 2.137 所示。

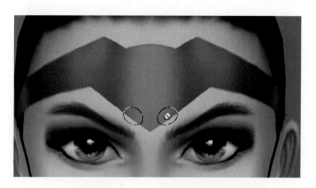

图 2.137 添加明暗关系

确认好明暗关系之后，可以使用更深的颜色，也就是暗部的颜色，绘制出整个金属的结构变化。可以用类似线条的方式，把金属的结构形状全部绘制出来。如图 2.138 所示。

图 2.138 刻画结构

结合刚才绘制出来的金属结构变化，继续添加明暗变化，在转折处绘制出更明显的高光反光。在高光背后绘制出和高光对比的暗部，形成明暗交界线，在厚度的边沿绘制高光，形成倒角边。可以适当使用加深减淡工具来添加一些流光的效果，让金属看起来更有光泽。如图 2.139 所示。

绘制完头饰的模型之后，还需要在头箍和头部之间添加头箍产生的阴影。之前提到手绘贴图之间的阴影效果是非常重要的，同样的道理，也需要在头箍的中央给头箍的六芒星添加阴影。如图 2.140 所示。

图 2.139　丰富细节

图 2.140　整体效果

再来看看另外一种材质的绘制。这里切换到胸甲，新建一个图层时，取胸甲最暗部的颜色来给胸甲绘制出区域。如图 2.141 所示。

图 2.141　胸甲的区域

由于这个角色的胸甲是比较贴身的结构，所以，在给胸甲汇聚明暗关系时，会考虑到身体的结构。这个胸甲的展示方式类似于古代的肌肉盔甲，所以会在胸甲的起伏上稍稍表现一点肌肉。如图 2.142 所示。

图 2.142　胸甲的明暗起伏

绘制了明暗关系之后，才能新建图层，单独来绘制结构线。建议这些结构线是单独图层，原因是不让结构线和明暗画在一起，如果结构线和明暗画在一起，当要修改明暗时，结构线将被全部破坏；或者要修改结构线时，又不得不把明暗重新画一遍。如图 2.143 所示。

图 2.143　胸甲的结构线

继续根据实际情况来绘制结构线。此外，还需要绘制出倒角边。在倒角边上绘制出亮边来表现结构线是内陷的。另外，在胸甲受高光的部分，绘制出高光，并使其和胸甲其他明暗关系之间产生的平滑过渡效果。如图 2.144 所示。

图 2.144　胸甲的细节

接着使用绘制发夹的办法来绘制胸甲纸上包边的金属。同样需要注意的是这个包边的金属和胸甲产生的阴影。绘制之后，立体感是非常强的。如图 2.145 所示。

图 2.145　胸甲的金属结构

还可以继续做臂铠。来到 Photoshop 中，找到手臂的位置，先在手臂上绘制一个臂铠区域。如图 2.146 所示。

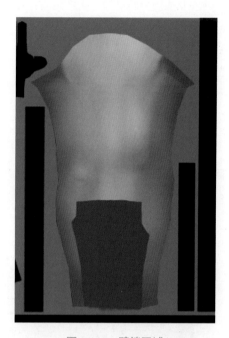

图 2.146　臂铠区域

确定了臂铠区域之后，可以回到贴图绘制软件中。根据手臂的外侧和内侧受光不同的效果，来绘制它们的明暗关系。使用稍微亮点的颜色绘制出金属的电镀和流光的效果，并且通过明暗对比关系来绘制出臂铠的结构感。如图 2.147 所示。

图 2.147　臂铠的明暗

可以拾取臂铠更深的颜色，在臂铠的上方绘制臂铠的结构线。这里可以在贴图绘制软件中进行绘制，也可以回到 Photoshop 中进行绘制，还可以使用适当的直线工具来对较长的结构进行工整的绘制。如图 2.148 所示。

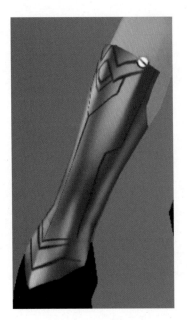

图 2.148　臂铠的结构

最后还可以通过色彩的调整和加深减淡工具来强化整个金属的效果。当然，做完之后别忘了臂铠和护腕的阴影、护腕和皮肤之间的阴影的绘制。总之，在手绘贴图中，层次之间的阴影表达是非常重要的。如图 2.149 所示。

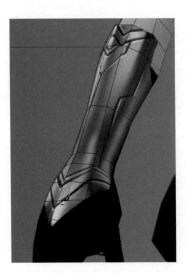

图 2.149　细化臂铠

角色整体效果如图 2.150 所示。

图 2.150　角色整体效果

第 3 章
数字雕刻案例制作

※ 3.1 ZBrush 基础

来了解一下 ZBrush 这一款数字雕刻软件，它的主要功能是帮助使用类似雕刻的方式来创建模型。通常情况下，这款软件会配合手绘板和手绘笔同时使用。这和其他传统的三维软件的鼠标点击式建模方法并不相同。数字雕刻的方式更接近于现实生活中的雕塑艺术，并且数字雕刻能够以更快的速度完成雕刻内容。使用的工具也更加方便，雕刻起来也更加轻松，并且可以随意修改雕刻的造型。如图 3.1 所示。

图 3.1　数字雕刻软件

学习目标

● 理解数字雕刻软件的工作原理
● 理解如何利用这些工具制作出想要的效果
● 使用正确的方法做出正确的雕刻表现

先观察一下 ZBrush 的界面。当启动软件时，通常情况下会弹出 "Light Box" 界面。这个界面包含了常用的一些内容。如图 3.2 所示。

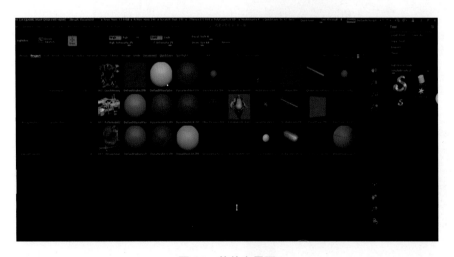

图 3.2　软件主界面

最常用的是 Project，也就是文档界面。在这个界面中，有很多软件自带的工程案例。可以在这些工程案例上继续制作，也可以随意打开其中的案例进行查看。如图 3.3 所示。

另一个常用的界面是 Quick Save。这个界面用来保存自动保存文件，默认情况下软件会有两种自动保存的情况：一种是每隔 20 分钟，帮助保存一次；另外一种是在停止操作超过 1 分钟之后，会自动保存一次。保存之后的文件就会出现在这里，注意，这里面都是自动保存的文件，并且软件默认使用的自动保存位置是 C 盘。如图 3.4 所示。

回到 Project 界面，双击其中任何一个案例，就可以打开这个案例进行查看或者编辑。如图 3.5 所示。

还需要了解一下软件的视角操作。关于视角操作的快捷键，在任意一个空白的地方，也就是说，在一块画布中没有模型的地方，按住鼠标左键即可旋转视角。在没有模型的地方按住 Alt 键和鼠标左键，即可平移视角；松开 Alt 键并拖拽鼠标左键，即可完成镜头的缩放。如果觉得这些操作比较烦琐，也可以通过图 3.6 所显示的几个按钮对视角进行操作。如果希望模型全屏显示，按下 F 键即可。

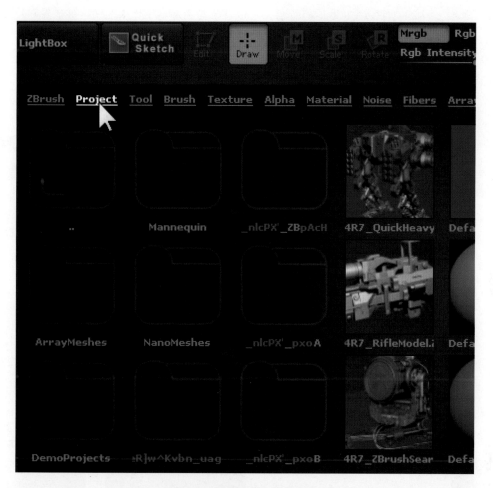

图 3.3　软件自带的案例文件

图 3.4　自动保存界面

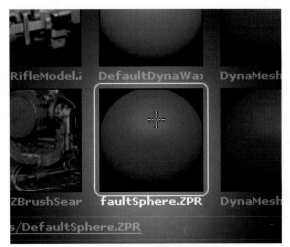

图 3.5　球体模型案例

这里需要注意的是，在软件中想要旋转到较正的视角，比如需要在软件中切换到模型的前视图，那么只需要将视角转到模型差不多的正面，同时按下 Shift 键，旋转一下即可来到正面。

关于保存，只要来到最右侧右上角的工具中，在 Tool 之下单击 Save As 按钮，把文件保存成一个工具即可。这样的保存方法快速并且节省空间。需要打开文件时，可以在 Light Box 中任意打开一个文档，并且按 Load Tool 按钮读取之前保存的工具即可。如图 3.7 所示。

图 3.6　视角控制工具　　图 3.7　保存工具

※ 3.2　ZBrush 笔刷

想要快捷地使用数字雕刻软件的笔刷，先在页

面的右上角找到这个切换布局的按钮，向右切换两次，就可以调出常用笔刷了。如图 3.8 所示。

图 3.8　切换界面布局

出现了常用笔刷的菜单，以下介绍如何使用这些常用笔刷，以及这些笔刷能够产生的功能和特性。如图 3.9 所示。

图 3.9　几种常用的笔刷

首先是最普通的标准笔刷，即曲线管笔刷。它能够绘制出类似曲线感的效果，也就是说，所经过的地方都会出现一个类似曲线管一样的突起。虽然说是最普通的效果，但是实际上它的使用频率还是很少的。如图 3.10 所示。

之后是黏土笔刷。这是一个普通的黏土笔刷，它能够模仿在现实雕刻中使用刮刀将黏土附着在物体身上的效果。默认的效果比较微弱，塑形的速度也比较慢。如图 3.11 所示。

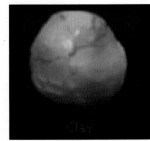

图 3.10　曲线管笔刷　　图 3.11　黏土笔刷

第三个笔刷的使用频率最高，是最常用的笔刷，也是黏土笔刷，但是它的名字叫作黏土步骤高度递增笔刷。从字面上理解为，黏土步骤递增，并且越来越高，也就是说，每一笔都会比下一笔高。这个笔刷非常粗糙，但它能够快速地出现比较立体的效果。在雕刻模型、塑造形状、塑造肌肉、塑造大体造型时，都会用到这个笔刷。在案例中习惯称之为快速刮刀。如图 3.12 所示。

移动笔刷是非常特殊的一个笔刷，严格意义上来讲，它并不是一个用于雕刻的笔刷。它的主要功能是让物体产生形变，并且这个形变的过程是非常柔和的。

它的效果比较接近于三维软件中的软选择。如图 3.13 所示。

图 3.12　黏土步骤高度递增笔刷

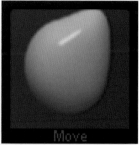

图 3.13　移动笔刷

这个笔刷和普通标准笔刷很像，但它默认情况下是凹陷的，能够绘制出比较锐利的效果。雕刻之后的效果类似于刻痕。在案例中习惯称之为刻痕笔刷。如图 3.14 所示。

图 3.14　刻痕笔刷

最后一个常用笔刷，它的效果类似于将表面变平面，在案例中称之为铲平笔刷。它通常用来塑造一些比较坚硬的板面，类似于岩石或者偏盔甲类的效果。如图 3.15 所示。

最后常用的笔刷应该就是平滑笔刷了。通常情况下，平滑笔刷是不会出现在任何地方的，只有按住 Shift 键时，平滑笔刷才会出现，所以需要平滑物体表面时，都需要按住 Shift 键。如图 3.16 所示。

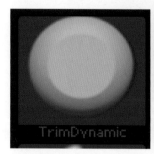

图 3.15　铲平笔刷

图 3.16　平滑笔刷

再来看一看关于笔刷的一些参数，每个笔刷都有相应的参数，需要进行修改。如图 3.17 所示。

图 3.17　笔刷基础参数

首先是关于凹和凸的变化。大部分的笔刷，默认情况下都是向上突起的。如图 3.18 所示，有 Zadd 按钮和 Zsub 按钮，它们分别代表的是加和减。当想要向内凹陷时，只要选择 Zsub 按钮即可。可是不用每次都这么麻烦，在凸起和凹陷之间切换时，按住 Alt 键即可。

图 3.18　凹凸选项

在这两个按键的下方，是笔刷的强度和尺寸参数。Z 轴的强度就是笔刷的强度，因为它象征着向上的高度。而右边的参数主要是笔刷的大小，参数越大，笔刷的尺寸也就越大。关于笔刷尺寸，可以使用键盘上的快捷键，即中括号，来控制笔刷的大小。如图 3.19 所示。

图 3.19　强度与尺寸大小

在常用笔刷之后，还有几个常用材质球。如图 3.20 所示，常用的材质球有四种：第一种是红蜡材质球，模仿的是蜡烛的蜡质。第二种是布林材质球，这种材质球是在三维软件中最常见的一种。第三种是绿色黏土材质球。第四种是最常用的，也是推荐大家使用的灰色材质球，这个材质球的光影对比是比较柔和的，并且能够比较明显地观察出模型凹凸效果。

图 3.20　常用材质球

在软件的左侧，还可以调整模型本身的颜色。看到的彩虹正方形就是彩色环，正方形的内部则是它的亮度和饱和度。通常情况下，直接使用白色，或者是比白色稍微暗一点的灰色即可。如图 3.21 所示。

图 3.21　调色板

※ 3.3　ZBrush 角色创建实例

通常情况下，在创建角色之前，要先制作一个毛坯，这个毛坯类似于在服装店中看到的人体模型。

首先创建一个默认的球体，在这个最末端的球体之上创建角色模型。使用 move 笔刷对球体进行大型的塑造。通常情况下，使用 move 笔刷时，会把笔刷的尺寸调得很大，因为需要进行比较缓和的变形。如图 3.22 所示。

需要从多角度观察模型。在模型的侧面查看模型是否已塑造出后脑勺、额头及下巴这些部位。如图 3.23 所示。

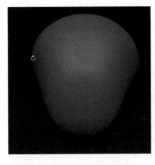
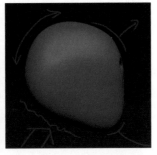

图 3.22　塑造头部大型　　　图 3.23　塑造头部侧面

从正面来塑造脸形，还需要塑造出脸的侧脸及额骨的部分和下巴的部分，这样看起来就比较像头部了。如图 3.24 所示。

观察一下头部的造型，通常情况下，后脑勺会比较大，而正脸会相对窄一些。如图 3.25 所示。

图 3.24　塑造头部正面　　　图 3.25　塑造头部顶面

在模型的底部找到需要衔接脖子的位置，按住 Ctrl 键对模型底部进行遮罩的绘制。被遮罩的部分是无法进行雕刻的，如果要反向选择遮罩的部分，只需按住 Ctrl 键，轻轻地单击空白的地方即可。如果按住 Ctrl 键，在空白的地方拉一个选区框，就可以取消所有的遮罩。如果要修改遮罩的边界，可以按住 Ctrl 键，轻轻单击遮罩本身，即可让遮罩的边界软化。如果要擦除遮罩，可以在按住 Ctrl 键的同时按住 Alt 键，再继续绘制的话，就可以擦掉之前的遮罩了。如图 3.26 所示。

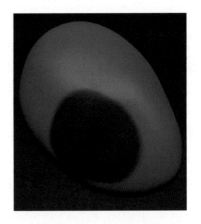

图 3.26　脖子的横截面

使用移动笔刷向脖子的方向拉出。如图 3.27 所示。

图 3.27　塑造脖子

单击显示线框按钮，查看模型的布线。脖子的布线由于之前的变形已经扭曲得非常严重。如果继续往下雕刻，会产生难以预料的结果，所以目前的布线是无法继续向下雕刻的。如图 3.28 所示。

图 3.28　查看布线情况

在菜单的最右侧找到几何体按钮。如图 3.29 所示。

图 3.29　几何体选项

在几何体按钮的下拉列表中有一个关于重新布线，也就是动态布线的按钮。在动态布线按钮的下方有一个参数，这个参数指的是重新布线之后的模型的面数。这个参数越大，重新布线之后的模型的面数就越高；这个参数越小，重新布线之后的模型就越简单。重新布线之后并不会破坏模型，它会保持模型的形状不变，而重新对模型的布线进行合理的分布。如图 3.30 所示。

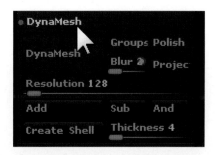

图 3.30　动态重新布线

单击重新布线按钮后，如果弹出警告，这个警告的意思是，当前要重新布线的模型，还有多个级别，是否要冻结并且保留这些级别？这里选择不要保留，因为重新布线之后，之前的级别其实已经没有意义了。如图 3.31 所示。

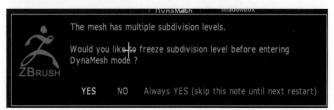

图 3.31　警告提示

模型级别是指模型的细分程度。这个细分程度和 3D 软件中的网格平滑非常接近，它可以通过修改的命令给模型添加更多的细节，而这些细节是可以来回切换的，可以在第一级别的细节中、第二级别的细节中及第三级别的细节中来回切换，每一个级别的面数都比之前级别的更多。同时，也可以删除这些级别。可以删除当前级别以下的级别或者当前级别以上的级别，应保留想要留下的级别。例如，一个模型的第二级别，如果是 5 000 面，那么它的第三级别则可能是 2 万面。如图 3.32 所示。

图 3.32　细分级别

当重新布线之后，发现脖子附近原本已经拉出的非常严重的布线，变得非常平均，这样就可以继续向下雕刻了。这里需要注意的是动态布线，也就是重新布线的按钮被按下去之后是需要取消的，所以要再按一次重新布线按钮，确保它是灰色的状态。如图 3.33 所示。

图 3.33　重新布线之后的结果

最后可以在脖子和头部的衔接处，对这个位置进行平滑笔刷的操作，让脖子和头部的衔接处更柔顺，同时也可以使用移动笔刷，调整一下头部和脖子的大体造型。如图 3.34 所示。

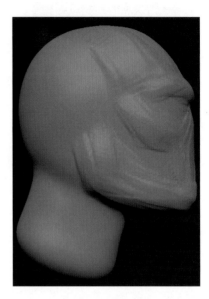

图 3.35　添加结构

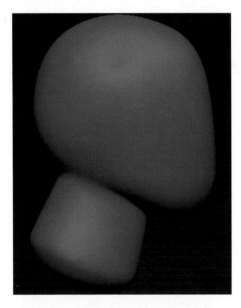

图 3.34　整体效果

接下来可以使用刮刀笔刷，在模型的脸部塑造大体造型。可以利用刮刀笔刷绘制出额头的部分。在侧脸部分，利用刮刀笔刷勾勒出颧骨及颚骨的部分。再在鼻梁附近使用刮刀笔刷，稍微带起一点点高度，这样就塑造出了脸部大致的结构。如图 3.35 所示。

还可以继续绘制脖子附近的胸锁乳突肌，也就是大动脉，也可以绘制下巴附近和脖子衔接地方的喉结。如图 3.36 所示。

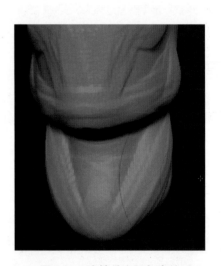

图 3.36　胸锁乳突肌与喉结

在正面、背面都绘制完之后，可以使用平滑笔刷，为刚才用刮刀笔刷雕刻的结构进行平滑，让它看起来更有肉感。如图 3.37 所示。

继续使用刮刀笔刷，在鼻梁部分和眉弓部分将其部位进行突出，最后利用刻痕笔刷把眼窝也就是上眼皮、下眼皮，以及鼻孔和鼻翼刻画出来。最后还需要利用刻痕笔刷找到嘴唇缝的位置，刻画出唇珠唇峰及嘴角窝的效果。如图 3.38 所示。

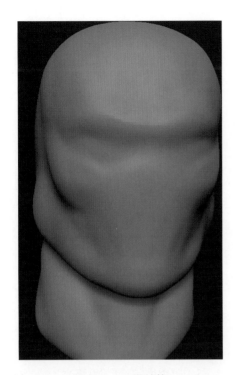

图 3.37　平滑结构

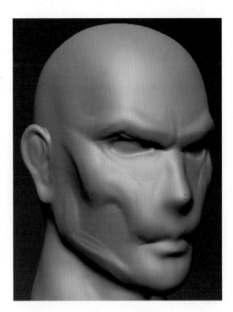

图 3.39　继续塑造

图 3.38　刻画五官

图 3.40　细化脸部结构

继续使用刮刀笔刷，在颧骨及连接部位带出一些夸张的造型，同时强调颚骨，让腮显得更凹陷、更瘦弱。如图 3.39 所示。

在这里使用刮刀笔刷、平滑笔刷及刻痕笔刷相互配合来塑造角色脸部的表情。这里比较多地使用刻痕笔刷带出角色脸部的一些皱纹。还会在鼻子和眉毛的附近塑造出肌肉结构的皱纹，鼻孔部分及腮帮部分都会做一些破损的效果。如图 3.40 所示。

进一步刻画皮肤的质感，用于对比褶皱干瘪的情况。同时使用移动笔刷将耳朵调整为类似于恶魔或者精灵的造型。稍微使用铲平笔刷在某些骨点及结构处表现出更有力道的感觉。如图 3.41 所示。

图 3.41　丰富脸部的细节

在软件最右侧找到 SubTool 工具。这个工具就是雕刻软件中的图层。这图层效果和 Photoshop 中的图层非常接近，同时只能编辑一个图层。可以直接单击图层的预览图来切换图层，也可以在模型之上按住 Alt 加左键，单击模型切换模型。如图 3.42 所示。

图 3.42　图层工具

在图层工具的下方找到 Append 按钮，为模型添加一个眼球。单击按钮之后，会出现添加什么样的模型的菜单，通常选择球体即可。如图 3.43 所示。

图 3.43　添加物件

选择好新添加的球的涂层后，在软件的左上方找到移动工具。选择移动工具，在球体上单击鼠标左键，向外拉拽出一个控制轴。如图 3.44 所示。

图 3.44　移动工具

控制轴上有三个顶点。选择控制轴中间的这个顶点。按住中间这个顶点不放，并且移动鼠标，就可以移动模型了。这里需要注意的是，在移动时必须关闭对称雕刻。在雕刻软件中，按 X 键默认是开启对称雕刻；如果想要关闭对称雕刻，只需再按下 X 键即可。而在移动时是不需要对称移动的，所以要确认在移动时没有开启对称雕刻。如图 3.45 所示。

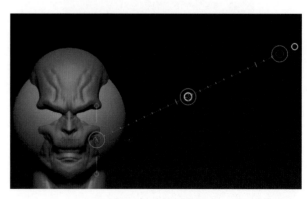

图 3.45　控制轴

将球顶移动到脖子的下方，并且使用移动笔刷塑造出肩膀和斜方肌及部分胸肌的造型。配合刮刀笔刷及平滑笔刷，可以简单地塑造胸肌的情况。如图 3.46

所示。

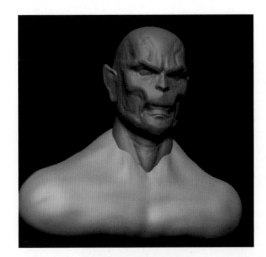

图 3.46 塑造出肩膀

已经发现了这两个模型格格不入,现在需要将这两个图层的模型合并成一个图层的模型,否则头部和胸腔的衔接将会变得非常奇怪。如图 3.47 所示。

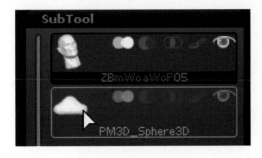

图 3.47 调整图层的顺序

继续来到图层工具的下方,找到"合并"选项。一个按钮叫作向下合并,就是说,可以将当前图层和当前图层下方的一个图层进行合并。如图 3.48 所示。

图 3.48 向下合并按钮

如果图层的位置并不是想要的位置,则

单击向上箭头和向下箭头移动,就可以选择图层。如果图层太多,可以按住 Shift 键,单击向上移动图层按钮,直接移动到顶部。如图 3.49 所示。

图 3.49 移动图层按钮

当确认合并之后,软件会警告,这个合并的操作是一个不可撤销的操作,如果单击"OK"按钮,将继续,如果单击"CANCEL"按钮,将取消。通常情况下,按 Ctrl+Z 组合键即可撤销制作的步骤。为什么合并模型之后就无法撤销步骤呢?这是因为雕刻软件是针对每一个模型,记录它们的历史操作的,大部分软件是可以进行全局步骤的撤销操作的,虽然 ZBRUSH 软件也可以撤销,但却不是针对每一步进行撤销,而是每一个零件都可以撤销自己身上的操作记录而互不影响。换句话说,也就是每一个物体都有自己的历史记录。当合并物体之后,历史记录也就不存在了。如图 3.50 所示。

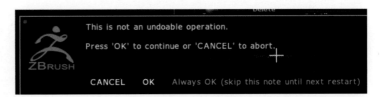

图 3.50 警告提示

合并图层之后,虽然变成了一个物体,但是物体和物体之间的接缝还在,这个时候需要对合并之后的模型进行重新布线,将其变为一个物体。变为一个物体之后,再对脖子处的接缝进行平滑操作即可。如图 3.51 所示。

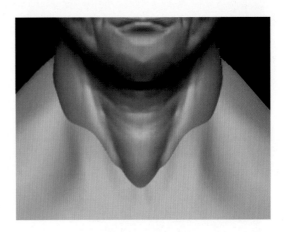

图 3.51 观察接缝

图 3.52 所示是重新布线之后,对脖子衔接处进行平滑操作之后的效果。至于重新布线所使用的精度级别,请大家根据实际的情况进行调整。

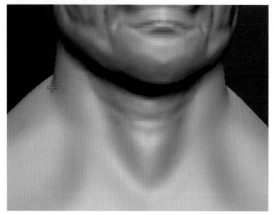

图 3.52　平滑接缝

刻软件会告诉你，负方向上没有任何可对称的东西。如果遇到这种情况，还需要先把物体移动回来或者镜像回来才行。如图 3.55 所示。

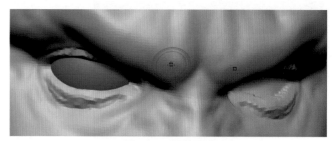

图 3.54　调整眼皮

继续为模型添加一个新的物体，也就是球体。这个时候配合之前所用到的移动工具和现在所要用到的缩放工具，对球体进行移动和缩放。换句话说，就是创建一个新的球体，移动这个球体，并且把它缩小在塞到眼窝附近。将会用这个球体来制作眼球。如图 3.53 所示。

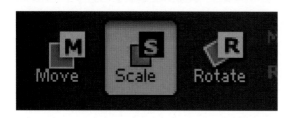

图 3.53　缩放工具

调整到眼球的位置之后，再切换到头部的图层，使用刮刀笔刷对上眼皮及下眼皮进行雕刻，让上眼皮和下眼皮以及眼眶能够包裹住眼球。如图 3.54 所示。

确认眼球不再修改之后，可以来到"Geometry"几何体菜单下的"Modify Topology"自定义修改菜单。在自定义修改菜单之下，有一个对称并且焊接的命令，叫作"Mirror And Weld"，它可以把眼球对称到对面去。这里需要注意的是，雕刻软件只能对称在屏幕左边的物体，也就是人物的右眼球，它可以把屏幕左边的物体对称屏幕右边去。换句话说，也就是雕刻软件只能把 X 轴负方向的物体对称到 X 轴正方向上去。如果物体在 X 轴正方向上，那么雕

图 3.55　镜像并且缝合命令

现在把模型的级别调到最低，这样做是为了让模型的面数显示得相对少一些。如图 3.56 所示。

图 3.56　细分级别

现在回到雕刻软件，在"Subtool"图层菜单中单击"Append"按钮，插入一个全新的球体模型。选择这个新的球体模型，单击右上方顶部的导入按钮"Import"，导入刚才制作的装备模型。如图 3.59 所示。

紧接着选择头部，单击右上角工具栏中的导出按钮"Export"。它会将当前级别面数的模型导出为 .obj 文件，这样就可以把头部导回三维软件中。如图 3.57 所示。

图 3.57　导入、导出按钮

在三维软件中制作好想要的装备，并且把这些想要制作的装备再次导出为 .obj 文件。如图 3.58 所示。

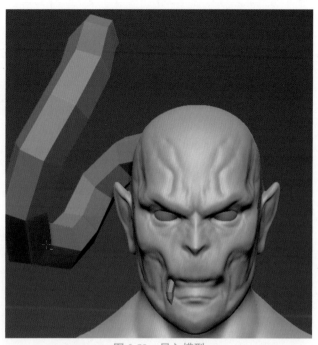

图 3.59　导入模型

可以选择装备模型。按 Ctrl+D 组合键或者使用"Divide"按钮对模型进行级别的细分，增加它们的面数。因为只有足够的面数，才能进行雕刻。

这里要注意的是，并不是级别越高，面数就越多。如果一个模型的一级是 20 个面，那么二级也只有 400 个面而已。如图 3.60 所示。

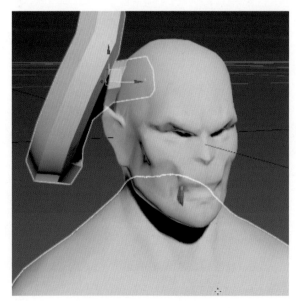

图 3.58　制作装备

图 3.60　细分级别

在图层工具中，还可以对已经做好的图层进行复制。选择想要复制的图层，单击"Duplicate"按钮可以复制出一个一模一样的图层模型。当然，也可以在模型制作好之前，也就是在三维软件中，就将需要复制的模型复制好，然后一次性导入雕刻软件中。如图 3.61 所示。

图 3.61　复制图层工具按钮

结合使用移动笔刷、刮刀笔刷、平滑笔刷及刻痕笔刷，对模型及刚刚添加的装备进行细化操作。如图 3.62 所示。

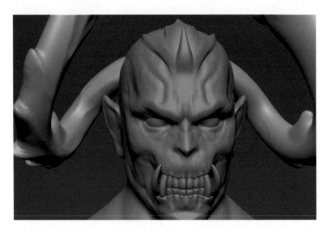

图 3.62　细化添加的装备

经过长时间的细化和修改，将模型制作成如图 3.63 所示的效果。

图 3.63　不断深入刻画模型

接下来需要对模型制作低模。可以采用几何体面板的重新拓扑面板，即"ZRemesher"功能。这个功能下方的参数代表着重新拓扑之后的模型的面数。可以选择 1 或者 0.3。之后按下"ZRmemsher"按钮即可对当前的高模进行低模拓扑。这里需要注意的是，拓扑和布线是不一样的。拓扑之后的布线能够跟着结构的走势来进行合理的分布，和之前使用的重新布线之后的立方格子布线截然不同。也就是说，拓扑之后的布线更符合动画制作的原理。如图 3.64 所示。

图 3.64　拓扑模型

如图 3.65 所示，可以看到拓扑之后面数下降了，但是角色的造型都有保留，而且当前角色的布线也会相对合理一些。虽然自动拓扑之后的布线还是有点多，但至少它的走势是符合角色结构的。

图 3.65　注意关键部位的布线

将所有的模型划分好了之后，导出模型文件，回到三维软件中，对它们进行贴图坐标的拆分。拆分好贴图坐标之后，在第一象限之内摆放好它们，并且使用 UV 工具，渲染 UV 坐标。贴图尺寸使用 4 096。如图 3.66 所示。

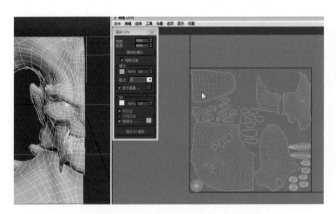

图 3.66　拆分贴图坐标

同时，也要在雕刻软件中找出之前制作好的高模，将高模和低模分别放入烘焙软件中，烘焙出法线贴图和全局阴影贴图。如图 3.67 所示。

图 3.67　烘焙法线贴图

之后来到引擎中，利用之前所学的知识，给模型附加上法线贴图，查看一下法线贴图的凹凸效果。如图 3.68 所示。

如果模型上出现比较明显的 UV 接缝，则可以选择模型，来到左边的属性菜单。在 "Mesh" 模型菜单栏中选择空间法线的算法。将默认的 "Marmoset" 切换成 "3D Studio Max"。这个时候会发现模型的接缝消失了，但是同时模型的法线 Y 轴又反向显示了。如图 3.69 所示。

所以还需要来到法线贴图的通道，将反向 Y 轴的选项打钩，即可让法线显示正常。如图 3.70 所示。

图 3.68　在引擎中查看效果

图 3.69　修改模型的显示方式

图 3.70　修改法线的显示方式

以上是经过修改之后正确显示出法线凹凸及全局阴影的模型效果。如图 3.71 所示。

图 3.71　整体的效果

到这里还没有完成所有的贴图。除了法线凹凸贴图之外，还需要继续绘制出固有色贴图、高光贴图、光泽度贴图等。可以使用 Photoshop、BodyPaint、Substance 等软件来完成这些图。如图 3.72 所示。

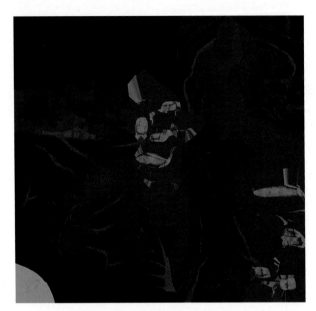

图 3.72 其他通道贴图的绘制

完成后的效果如图 3.73 所示。

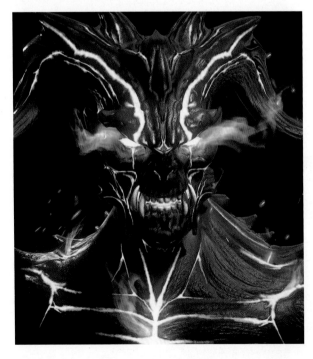

图 3.73 完成后的效果

第 4 章
美术资源在引擎中的展示

Marmoset Toolbag 这款引擎的主要功能是让大家制作完美术资源之后，可以快速地查看在产品中实际呈现出来的效果。同时，也可以利用这款引擎为作品及产品做比较好的渲染和包装。最关键的是，所有的结果都是实时演算的，也就是说，可以进行一些简单的互动和查看。所有的过程都不需要等待，并且一般情况下呈现的效果都非常好。简单地说，它是一款专门用来展示或者查看美术资源的引擎，同时也支持 VR 显示效果。如图 4.1 所示。

图 4.2 导入模型文件

图 4.3 创建材质球

图 4.1 引擎中展示的产品效果

首先将模型文件即 .obj 文件拖拽到引擎的窗口中。这里可以使用 Alt 加鼠标左键及 Alt 加鼠标右键、Shift 加鼠标左键，以上快捷键分别可以对观察视角的镜头进行旋转视角、缩放视角和旋转天空球的操作。Alt 加滚轮中键则可以平移视角。如图 4.2 所示。

在软件右上方单击加号，创建一个新的材质球，并将这个新的材质球通过拖拽的方式附加到模型身上。如图 4.3 所示。

单击这个材质球，找到法线贴图的通道，并且将法线贴图拖拽到法线贴图通道中。或者单击法线贴图通道中的小方块，找到法线贴图文件。如图 4.4 所示。

图 4.4 法线贴图通道

以上就是附加法线贴图之后模型呈现出的细节效果。如图 4.5 所示。

在软件左上方的列表中找到"Sky"选项。如图 4.6 所示。

这个时候看到左下方的属性已经呈现出天空贴图的属性，可以观察到当前使用的 360 度天空贴图是什么样的。并且根据目前的环境贴图的不同，模型也会发生色彩变化，说明模型受到了天空环境贴图的影响。如图 4.7 所示。

图 4.5 法线效果

图 4.6 天空环境贴图设置

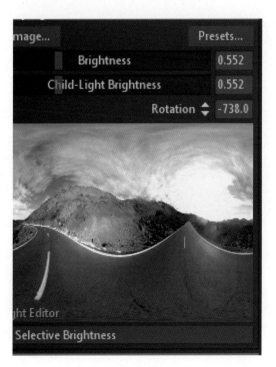

图 4.7 环境贴图

单击材质球，找到 Gloss 通道，这个通道用于控制模型也就是材质的光泽度。光泽度在某些情况下也叫作粗糙度，也就是说，如果一个物体，它越光泽、越平滑，其表面上呈现出越接近镜子的效果。换句话说，如果一个物体越平滑，就能从这个物体上看到自己的影子；相反，如果一个物体非常粗糙，则从它身上什么都看不见。如图 4.8 所示。

图 4.8 粗糙度贴图

所以，可以把光泽度贴图添加到这个通道。

固有色贴图通道是最好理解的，呈现的是这个物体本身应该拥有的颜色。这个通道和之前手绘低模角色的贴图是同一个性质。在某些软件或者其他引擎中，也把固有色称作漫反射。如图 4.9 所示。

图 4.9 固有色贴图通道

接下来的通道是高光，需要注意的是，高光有两种选择，有的引擎使用的是 Specular 选项。它的含义是，颜色越亮，高光越强；颜色越暗，高光越弱。并且高光可以呈现出不同的颜色。如图 4.10 所示。

图 4.10 高光贴图通道

另一种高光模式则是 Metalness 模式。在这个模式下，把所有的物体分成金属和非金属两大类。越接近白色的地方，金属程度越强；黑色的地方则完全没有金属的特质。而高光则不呈现其他颜色。如图 4.11 所示。

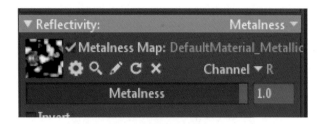

图 4.11　金属高光贴图通道

图 4.12　效果呈现

图 4.12 所示是将各个通道的贴图上好之后的模型效果。

接下来继续回到 Sky 选项，要切换天空贴图。单击 "Presets" 按钮，打开 Sky 浏览器，选择一个夜晚工厂环境贴图。如图 4.13 所示。

图 4.13　切换环境贴图

可以找到天空贴图下方的背景控制选项。在模式中选择高斯模糊的天空，并且将背景的亮度调暗，高斯模糊度开到最强。如图 4.14 所示。

图 4.14　环境贴图属性

这样环境的亮度并没有发生变化。但是背景却变得更暗更虚了，这样的效果比较适合突出主角，而不会让环境背景喧宾夺主。如图 4.15 所示。

图 4.15　修改后的效果

在天空贴图预览图的位置上单击鼠标左键，即可在相应的位置创建一盏灯光。如图 4.16 所示。

图 4.16　在环境贴图上添加灯光

接下来观察到在屏幕的左上角的列表中，天空的下拉菜单中出现了刚才创建的灯光。并且刚才创建的灯光成为天空的子物体。如图 4.17 所示。

图 4.17　灯光成为环境贴图的子物体

单击选择这盏灯光，查看它的属性。Brightnes 是灯光强度，强度的右侧是灯光的颜色，Distance 是灯光的照射距离，最下面的 Width 是灯光的体积，它可以影响灯光产生的影子的锐利度，数值越大，影子的边界就越柔和。如图 4.18 所示。

图 4.18　灯光的属性

图 4.19 所示是调整好主要灯光的效果。可以利用相同的方法给场景添加一些辅灯。可以做冷暖对比，如果主灯光是冷的，那么背后的辅助灯光就可以是暖色调的。

图 4.19　灯光的效果

在左上角的列表中选择主摄像机，找到主摄像机的属性，准备对画面进行修改。如图 4.20 所示。

图 4.20　主摄像机

单击主摄像机可以找到以下选项。第一个选项的含义是锐化，根据锐化的强度的不同，可以让画面更加清晰。第二个选项的含义是辉光效果。可以控制辉光效果的强度，以及辉光散射出来的范围，使得受到光照强烈的部分，能够呈现出光晕的效果。第三个选项的含义是暗角，类似于镜头周围的遮罩物，它可以让镜头更有单反胶片感。第四个选项的含义是颗粒，它可以添加一些噪点，使镜头电影感更明显。可以根据实际情况和自己作品的要求来调整这些参数。如图 4.21 所示。

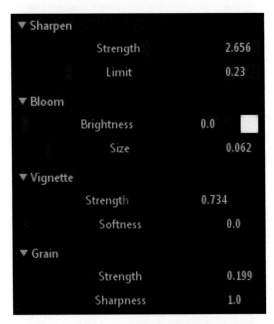

图 4.21　摄像机中的滤镜

最后还可以单击阴影地面按钮，快速而简单地为模型添加一个阴影地面，这个地面不会呈现出任何地形，但是它会接收阴影效果。如图 4.22 所示。

图 4.22　阴影地面

如果电脑配置足够，还可以开启更高级的选项。单击左上角列表中的渲染选项 Render。如图 4.23 所示。

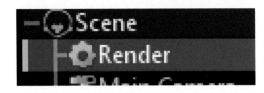

图 4.23　渲染设置

在渲染选项的子项中找到光照选项。在光照选项中有全局映射选项，其中有一个选项为 Enable GI，意思是启用全局映射。这个功能可以让物体和物体之间、物体和物体自己之间产生相互的映射。这样的效果会非常真实，但是会比较消耗计算机的性能。如图 4.24 所示。

图 4.24　全局映射

再巩固下引擎知识。这些是贴图的基础属性，至少需要 4 张贴图来控制材质球的属性。有些情况下，贴图的参数并不一定是 4 张，但是一定有 4 个属性，因为在其他引擎中，这些图会被合并成少张或者合并成 1 张。例如，Unity 3D 的项目材质中就只有 3 张贴图，但是项目是把金属度和光泽度通道合并成 1 张贴图，利用 RGB 固有色通道和 Alpha 通道来储存不同的信息，所以还是有 4 个属性。如图 4.25 所示。

图 4.25 贴图与材质球通道

记住以下几个属性：

- 固有色（漫反射，颜色）；
- 金属度；
- 法线凹凸；
- 光滑度（粗糙度）。

这里需要特别注意的是，材质球的反射模式下，需要把高光改成金属度。

在材质的通道中，有各式各样的名称，能表达不同的通道信息及所要表达的物体属性，这里将常用的几个通道信息列举出来，方便大家记忆。如图 4.26 所示。

Normals：法线凹凸属性；

Gloss：光泽度（粗糙度）；

Invert：反向显示（类似于黑白颠倒）；

Albedo：固有色（漫反射）；

Metalness：金属度；

Emissive：自发光；

Transparency：透明贴图通道；

Channel：通道（计算机要读取这张贴图的哪个通道）。

图 4.27 所示是关于摄像机的常用内容中英文对照参考。

图 4.26 材质球通道的名称

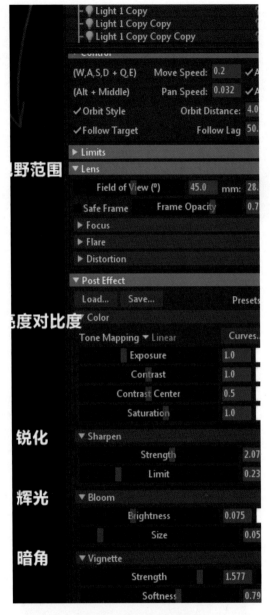

图 4.27　摄像机的属性

还可以给模型或者场景添加一个简单的展示动画，可以选中物体，单击场景，添加转盘 Turntable，或者直接单击"New Turntable"按钮，为需要旋转动画的模型、灯光或者天空添加一个父级转盘。如图 4.28 和图 4.29 所示。

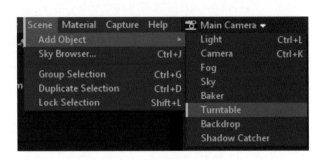

图 4.28　添加转盘

图 4.29　添加转盘的快捷按钮

添加好了转盘动画后，可以来到下方的时间轴进行动画的控制，单击播放按钮即可查看旋转动画效果。如图 4.30 所示。

图 4.30　控制时间轴

调整好所有的参数之后，可以进行成果输出。在顶部"Capture"按钮中，可以选择需要输出成果的方式。如图 4.31 所示。

Main camera：主要摄像机；

Field of View：视野范围（能够看到多宽的画面）；

Exposure：曝光度；

Contrast：对比度；

Sharpen：锐化（可以增强画面中的像素对比，变得更加清晰）；

Bloom：辉光（高亮的部分会有一定范围的光效溢出）；

Vignette：暗角（在画面边界向内压暗）；

Grain：噪点。

图 4.31　效果图的输出

图 4.32　最后的渲染效果

其中，Image 方式是输出效果图片。注意，这不是单纯的截图，而是引擎在后台进行渲染，至少以 2K 的分辨率，加上 16 倍抗锯齿的效果出图。

Video 方式是输出视频，可以按 F5 键进行视频渲染，注意输出的路径和文件名不得带有中文（也就是非拉丁字符），否则会导致程序无法找到路径，使渲染失败。输出后的视频格式默认是 MP4。

图 4.32 为最后设置好后的模型效果。如果想要捕获当前效果的截图，只需要按下 F11 键即可在桌面获得截图之后的效果。如果设置好文件，引擎文件也是可以保存的。这里要注意的是，大家尽量把引擎文件和贴图及模型保存在同一个文件夹。文件夹的路径中，最好不要出现中文。贴图的名称，也最好不要使用中文。如果直接打开的引擎文件是空白而没有呈现出之前所做的效果，可以再一次将引擎文件直接拖拽到窗口中就可以打开场景了。

至此，已经了解并学习了三维美术资源在引擎中的表现形式，在引擎中看到的效果就是观众在产品中看到的最后效果。所见即所得，所以，在引擎的展示环节，需要用心去调整和展示好的灯光，即使是同样的三维模型资源，好的氛围最终给观众呈现的效果是截然不同的。希望大家能够从中收获关于 VR 次时代美术资源的相关知识技能。